跟着设计师，筑一座梦想花园

郭泽莉 编著

中国林业出版社

花园设计师让你"居者优其屋"

近年来，关于私家花园的书出了不少，美图也看了不少。然而看到这本书的书稿，其独特的视角，仍然让我心动。在这本书里，作者让我们在一个个花园设计师的带领下，走进这些从几平方米到上千平方米的花园，在这精心设计的每一个案例里，都浸透了设计师们的心血和辛苦劳作。也从另一个角度向我们诠释了花园的真正内涵。

可以说，私家花园的庭院景观设计是一种技术，更是关于生活的艺术。设计师不仅可以美化庭院的空间，更可以提升花园主人的生活质量，让庭院真正变成一个"私人专属的小天地"，而花园的主人将会发现自己会越来越喜欢待在花园里的那种感觉：温馨、舒适、自由、放松。

培根在《论花园》一书中曾说，"花园是人类一切乐事中最纯洁的，它最能愉悦人的精神，没有它，宫殿和建筑物不过是粗陋的手工制品而已。"

的确，花园能够给人带来视觉上的享受，让人产生与自然亲近的愉悦情绪。因此，对于崇尚自然生活、讲究健康生态的现代人来说，花园无疑是有着巨大的吸引力的。随着现代人居的不断进化，人们生活水平的不断提高，人们的居住观念也正在经历着从"居者有其屋"到"居者优其屋"的发展变化。

于是，有越来越多的人拥有了一个共同的愿望，就是希望能将精致的园林景观搬到自己的花园庭院中，让自己和家人时刻享受到生态、自然和健康的生活方式。

而这本书就是告诉我们，花园设计师，可以帮助我们筑造这样一座梦想花园。这些花园无论大小，每时每刻都会用自己的力量潜移默化地改造着与自己朝夕相处的家庭成员们，而只有身处花园的人，才能深切地感受到：生活如此美好，家园如此让人依恋。正如作者所说：也许这才是花园存在的真正意义，也是人们对于花园的热爱得以延续至今的真正理由。

原《中国花卉报》副总编辑
现任《美好家园》杂志顾问

2015.12.28

有一种爱，因花园而存在

　　因为工作的原因，得以有机会从专业的外刊上一睹不同风格花园的风采，也正是因为那一幅幅美图，让我深刻感受到那种因为花园而存在的生活，是多么的幸福和幸运——因为有绚丽的花朵预示春的到来，有斑驳的树荫遮挡肆意的骄阳，有馨香的果实陪伴清爽的仲秋，有青翠的针叶点缀皑皑的白雪——每一段花园时光都有充足的理由融化到365天之中，伴随着每一个日出与日落，充实着每一个雨夜和午后。

　　一直以来，我都认为，花园是以一种特殊的方式宠爱着喜爱它的人，也让喜爱它的人在日积月累中更深刻地爱着它。因为劳作可以让人暂时忘却一切不快，释放所有的负面情绪，用逐渐增强的正能量驱赶那些不好的东西，感受真我的存在，并在美丽的生命轮回中收获对自我的认可，让生活更加积极、阳光。

　　这几年结识了一些花园设计师，并在他们的带领下，探访了一个个"藏"在身边的别致空间。或许是因为有共同的热爱——花园，所以接触起来很轻松，大家很快便成为了朋友。

　　性格使然，又或者因为太喜爱这种因花园而存在的生活方式，在参观一件件精雕细琢的作品时，会因设计师的奇思妙想而有种茅塞顿开的醒悟，在惊喜间开阔了眼界；也会因一幅幅苦心经营的唯美画面而沉浸其中，浮想联翩，久久难忘。发自内心地羡慕生活在这片芳草间的人儿，不论是小到几平方米，还是霸气的上千平方米，每一座花园都在用自己的力量改变着与它朝夕相处的家庭成员们，而这才是花园存在的真正意义，也是人们对于花园的热爱得以延续至今的真正理由。

　　爱花园，爱生活，这是所有花园人的心声。

郭淬莉

2015.12.10

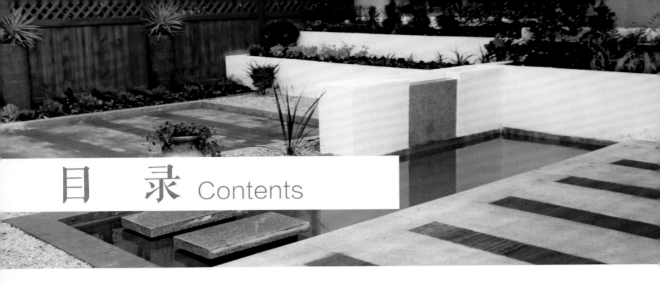

目 录 Contents

>300m^2

part 1

<100m²

在中国，其实50m²左右的小花园在私家花园中占绝大部分！麻雀虽小五脏俱全。想在咫尺间享受视觉"盛宴"并非易事。因此，小型花园设计非常考验设计师的综合把控能力——不能太过简单，而让空间没内容；也不能过分"贪心"，让观者无立足之处。要分清轻重缓急，做到因地制宜。这里面的门道可不少。

小阳台变身立体花园

很多设计师会觉得阳台的空间局限性太强，很难做出彩，其实不然。如果把它臆想成一座超小的花园，那就可以开动了！

提高空间利用率？造型简约的不锈钢种植槽非常实用，也与主体风格相契合。

客户决定进行阳台设计的初衷，是为了给三岁的宝宝打造一个接近自然的空间，让宝宝能有更多机会接触植物，了解自然。设计完成之后，没想到在这样小小的空间，融入了如此多的元素：有瀑布、水池，有攀缘植物、观花植物、多肉，还有有机蔬菜。

现代、简洁，是客户的要求，所以我们选择了线条简洁、色彩淡雅的不锈钢种植花槽进行组合。所有容器都做了排水处理，浇花的水直接排入下水道，不会从花盆底下渗出阳台，从而保持地面干净整洁，同时，原有地面及墙面一丁点也没有被破坏。

在阳台的正面，我们选择了铁线莲、绣球、天竺葵等景观性、观赏性强的植物，铁线莲生长快，不久就能爬满阳台的整个护栏。

阳台出门靠右是蔬菜和香草种植区，可以在不同的季节种植自己喜欢的蔬菜及香草，同时也给宝宝提供一个了解蔬菜来源的知识空间。因为空间比较小，因此以立体阶梯的形式进行设计，增加种植空间。

阳台出门靠左是一个小水景设计，小小的瀑布能让水循环起来，阳台因此而富有生机和动感，同时也能改善居室的小气候。下面的水池还是小朋友可以戏水的小池塘，足不出户便能体会到户外的乐趣。池塘可以养鱼、小蝌蚪，可以让小朋友观察、了解这些小动物生长、发育的过程。

虽然空间很小，但种植的植物种类丰富多样，可以让小朋友了解更多的植物。有攀缘类、宿根观花类、水生类，还有有机蔬菜，而多肉类的植物景观丰富了由于空间狭小带来的局限性，增加了观赏性和趣味性。

除此之外，还在阳台上重新设计了灯光，除了功能上的需求，更给这个小小的空间增加了一丝神秘感。

设计：Sarah（上海沙纳花园设计）

1. 阳台花园的平面图。
2. 阳台花园的立面图。
3. 线条简洁、色彩淡雅的不锈钢花槽让变身后的阳台极具现代感。

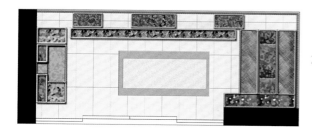

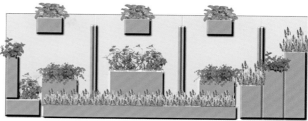

1~3. 改造前这里是储物空间。

4. 改造前是普通的种植盆，改造后是"高大上"的小水景。

5. 阶梯式种植箱内有机蔬菜、芳香植物带来"高颜值"的小清新，比改造前的杂物架漂亮的不是一星半点儿。

6. 绣球、铁线莲，花园的大热花材，也可以装扮阳台。

十平庭小格调

　　在一个 $10m^2$ 的空间里打造一座花园，而且还要非常精致，难度可想而知。于是，相互咬合的几何造型成为每个区域的外型，在尽可能的情况下，包容休闲区、水景、种植区及步行空间。

　　石库门风格的住宅也给我们进行花园软装界定了主题，所以青花瓷、红烛灯、藤椅与几竿竹、几丛花构成这份复古又小资的意境，让人仿佛穿越回旧上海弄堂里某户人家，过起悠哉的小日子。

　　这个袖珍的小花园仅 $10m^2$，位于上海宝山区。甲方是一家知名地产企业，委托设计师在这狭小空间里打造一个精致庭院，旨在发掘这一小片土地的潜在价值。因为不管是已经购得房屋入住的业主还是意向购房者，在他们眼里开发商送的这十平方米空地如同鸡肋，食之无肉弃之可惜。

　　也是，十平方米，将入户道路空间去除，还能做什么呢？恐怕连张躺椅都摆不下去……然而甲方又提出更加苛刻的要求，为了提升空间品质，希望能加进水景元素。至此甲方要求归纳为两点：挖掘土地价值，提升景观品质。

　　土地价值无非就是功能，可以安排哪些活动；景观品质是一种体验感受，至少要做到赏心悦目，至于是否做了水景就一定能提升品质则另当别论。

　　这是座石库门风格的住宅，面向的客户群体是从小在上海长大并怀念幼年生活的本地中产阶层。事实证明这样的产品定位还是相当准确而且有市场需求的。既然如此那就复原喧闹中幽静又祥和的老弄堂生活。

　　麻雀虽小，五脏俱全。为了让它看上去更像座庭院，设计师安排了尽可能多的内容。设想一个春季周末的上午，杨柳吐绿，暖风拂面，一家三口在花园里的场景：出门就是一方精致小巧的水池，先生靠着水边的藤椅一边呷着茶一边用ipad看新闻玩游戏；淘气的小宝宝将玩具丢得满院子都是，一会在铺着红色软垫的平台上搭积木，一会又将小手伸到清澈的浅水池中去抓红鲤鱼；太太在烤箱前忙碌，她在烘培下午茶的各种小点心。

　　石库门是上海民俗生活与西洋建筑装饰相混合的产物。在庭院装饰上使用了青花瓷盘以及藤椅、绣花靠枕、红色烛灯等有中国特色的元素；植物品种遵循少而精的原则，丛植的竹子让狭小的空间变得虚幻，尤其是月夜里在白墙上落下的斑斑驳驳投影，让人如入"月朦胧，鸟朦胧"的诗词幻境。

　　设计：张向明（张向明景观设计事务所）

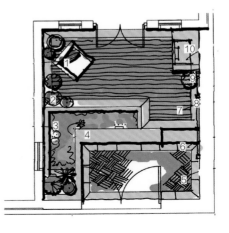

1. 单椅
2. 组合盆栽
3. 水池
4. 墙
5. 灰砖立砌
6. 石材周边
7. 木地板
8. 木网格
9. 盆栽
10. 盆栽

如何在10㎡内将休闲与景观兼顾，设计师处理十分巧妙。

1. 穿插于两个平台之间的水系让空间有声有色，刚柔并济。

2~3. 即便很小巧，一个小小的喷泉跌水也放得下，它让水景更灵动。

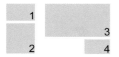

1. 空间装饰在满足使用合适度的同时，与建筑风格相迎合，瓷器、绣花靠枕、红色烛灯，让"石库门"的"气质"流露于各个角落。
2. 潺潺的流水让整个空间灵动起来。
3. 竹子、墙壁上挂的青花瓷盘，让空间充满中式韵味。
4. 空间虽小，植物元素还很丰富。

小清新阳光房
快乐生活"百宝箱"

这座由下沉花园改造的阳光房，面积仅20m²，所以主要的装饰工作都沿着墙壁展开。白色种植箱与绿色的植物提亮了空间色彩，也让这里更具勃勃生机。

精致的装饰小品、小盆栽和水景，不会占用太大空间，却能让空间更有情调，带来一个又一个小惊喜。

这间位于北京西山公馆的阳光房，面积约20m²，是在一座下沉花园的基础上"改装"而成。或许正是因为有了玻璃、门、窗的保护，才使得小小的空间能容纳的元素五花八门，成为业主放松身心、享受恬静生活的安乐窝，又或是朋友小聚、抒发情感的快乐园地。

阳光房现有墙体为温暖的米黄色调，和煦的阳光透过屋顶上格子造型天窗照射进来。于是，地砖上呈现出大大小小的矩形"花纹"，让人不由得想起儿时经常玩的跳房子游戏。而整个房间也因为有了阳光的眷顾而变得暖暖的，坐在里面，整个人都会变得有些慵懒了，把一切烦恼抛到九霄云外。

原木的柔软质感最是与这份自在、惬意相配——粗犷的木方装饰起天窗，三根延伸下来的木柱定义着阳光天井的边界。原木色的落地储物柜设置在角落的墙壁上，与白色的木制种植箱相连。这条素雅的"边饰"将空间的功能性大大提升，可以栽种适合阳光房生长的花草树木，营造起伏的"绿线"，让小环境更加健康舒适；连接种植箱的坐榻让人有宽松的空间"坐拥"这美丽的小风景，坐榻上方的装饰木方又是摆放形形色色装饰品的平台，体现生活格调；储物柜更是收纳杂物、工具、闲置品的重要装置，日常生活不可或缺。除了上述"硬件"以外，阳光房东侧的矩形木铺休闲台也是一件重要设施——午饭后的小睡就可以在这里完成，植物散发的馨香和幽静的氛围能让你好好地与周公"聊聊天"，将全身的困乏彻底消除。

由玻璃砖砌筑的小水景，始于"郁郁葱葱"的种植箱，汩汩清泉从竹筒中流出，跃动的水花和清透的玻璃共同在阳光下闪闪发亮，成为整个房间的视觉中心。下方的水槽四周根据空间大小摆放盆栽和悬挂花槽，或栽种艳丽的时令花卉，或种植诱人的盆栽草莓，总之，一定不让这方小水景感到孤单寂寞。在成就丰富感官效果的同时，如此处理也让"停留"在墙壁上的植物画卷从后方的种植槽一直延续到水池，乃至地面。

为了创造不同于室内的花园空间感受，除了种植高低错落的植物外，在地面铺装上设计师采用相对粗糙的烧结砖铺地并以白灰勾缝；墙面上结合木柱

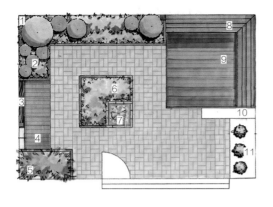

1.	装饰柱	5.	木质种植箱	9.	木铺休闲台
2.	木质种植箱	6.	木质种植箱	10.	装饰矮墙
3.	装饰木方	7.	玻璃砖水槽	11.	收纳柜
4.	坐榻	8.	矮柜	12.	天窗包饰

划分出小片墙体，装饰以同样质感的陶砾砖，打破单一墙面的同时营造出一种未经雕琢的原生质朴。不同功能、造型的灯具被"安插"在墙壁、种植箱、水槽、小墙体等多个地方，方便主人随时"享用"这一片难得的"小清新"。

设计：翟　娜（北京和平之礼景观设计事务所）

Tips

对于建造阳光房的人们来说，为的就是能够享受自然。而阳光房独特的结构也是十分适合植物的生长，究竟哪些植物适合在阳光房内种植？

设计师提醒，尽量选种一些喜湿喜热类植物。阳光房密封效果很好，因此室内温度较高，湿度大，因而应选择一些喜热喜湿的植物。另外，由于朝向不同，光照差异区别很大。北向阳光房夏季基本上没有阳光，南向则相反，东向、西向则各只得半天日照。所以，要根据朝向来选择相适宜的植物品种。比如：如果阳光房是朝南的，光照时间长，可以养些喜欢阳光的花草，如米兰、茉莉、扶桑、月季等。如果朝东或朝西的最好种些蔓生植物，像凌霄、茑萝、牵牛花等。如果朝北，可以种些耐阴或半耐阴性植物，比如文竹、万年青、龟背竹等。

对家庭菜园情有独钟的人，可以选择栽种一些蔬菜和水果。例如小番茄、小青菜、香菜、韭菜等，都是很好成活，且生命力很强，占地面积也比较小的，这样自己打理不会喷洒农药，最终自己亲手种的肯定是绿色有机食品，吃起来也健康。

当然，在什么地方种什么、种多少也是一件值得推敲的事。若种植品种太过于繁多，视觉效果一定会凌乱，而行走其中也不会有太多回旋余地，并会耗费你的大量精力，单是给各类植物浇水就是一项不小的活儿，更何况到了盛夏，盆栽们对水分的渴求比其他季节更大。所以选择花草一方面要尽量选择耐旱的植物，另一方面要懂得适当留白，留出休憩和欣赏的空间。

阳光房可以看做是居室房间的户外延伸，与室内装修一样，适当运用园艺装饰小品可以让阳光房看起来更有趣味性或情调感。小型雕塑、隐约的花插、呼呼作响的风车、优雅的风铃等都可以拿进来。但是切忌装饰过于迷你且繁多，否则反而有失大方。应让装饰与花草和空间完全融合在一起，组成一幅美好的画面。

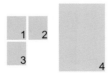

1～2. 小水景让小小的空间也不觉压抑。
3～4. 简洁而具有浓郁文化气息的装饰让空间更具品位。

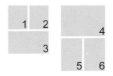

1~2. 多种盆栽绿植让空间充满绿意。

3. 紧贴墙壁的白色种植箱筑起起伏的"绿线"。

4. 矩形木铺休闲台可供人午睡小憩。

5~6. 灯具、小品洋味十足。

一米阳光下的畅快之所

对于改造项目，"物尽其用"可以让新花园有一种更强烈的延续感。

基于现场对阳光的迫切需求，设计主题设置为"一米阳光"。从调整格局，改变植物配置，减少硬质铺装，到颜色的运用都希望让空间变得疏朗一些，让更多光线进入，让这里变得更温暖。

至于后院，改造凉亭、消除假山，重置地面铺装亦是力求空间"变大"，更整洁实用，给业主使用带来方便。

位于北京通州区世爵原墅小区的文轶花园，前院和后花园加在一起不足100m²。前院大一些，全是水泥砖地面。后花园小一点，有假山、中亭，剩下是满地石板。花园很多方面已无法满足业主需求。经过商定，大家决定选择专业庭院设计公司进行改造。

综合考虑建筑造型和业主喜好，设计师将花园风格确定为欧式乡村。设计主题——"一米阳光"，灵感源于场地现状对阳光的急切需求，以及设计师对光影变化的感知。

在详细考察现场后，设计师将庭院急需解决的问题列了一个清单：后花园方面，首先是入口高差过大：第一级台阶骤降30cm，不符合人体工程学。其次，后花园木亭较低，感觉压抑，四面坐凳把亭下有限的空间围合得很紧张。其颜色也与建筑主色调不协调。第三，缺乏休闲空间，业主更倾向于享受花园氛围且能够较少打理植物。至于前花园，其铺装过于陈旧，花架缺少可以装饰的空间，让人无法感受到花园氛围。此外，蚊虫叮咬也是一大问题，让每每想与花园亲密接触的业主一家很是苦恼。

改造方案以米黄、白色、土红色、灰蓝色等清新色调，简洁的空间分隔，齐全的休闲功能，以及暗箱设置，来成就"一米阳光"的温馨氛围。

改造后的后花园空间变得更为开阔，休闲功能大大提升。

前院　地面铺装以砖材为主，体现环保、温馨、田园的特色。"稳重"的枕木将岁月的痕迹默默展现。横向条形图案在保证整体大空间的前提下拉大进深，使人能更加清晰地感受到阳光的味道。

之前的景墙作为入户门的影壁，兼顾邮箱功能，材质也不错，就被保留了下来。而影壁前后的硬地变成高低错落的花境，借助植物的高低层次极大地渲染了花园的气氛。从房里走出来，最先映入眼帘的永远都是季相分明的美景。

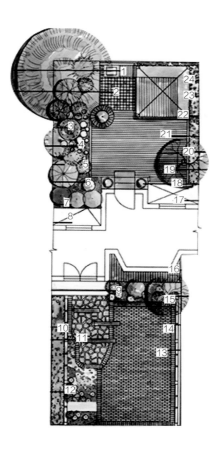

1. 烧烤台
2. 砂岩铺装
3. 水景
4. 原有汀步石
5. 原有樱花
6. 装饰小品
7. 植物种植区
8. 采光井
9. 花境
10. 种植池
11. 枕木装饰
12. 花境
13. 停车位砖铺地
14. 花架（局部改造）
15. 原有石榴
16. 盆栽植物摆放木台
17. 工具柜
18. 花钵
19. 沙池暗箱
20. 原有枣树
21. 休闲平台
22. 木亭（改造）
23. 硬木椅
24. 藤本月季

　　花架稍作改造，增设木格栅，用于放置花篮或装饰物。在保证停车面积的同时扩大种植范围，以便更好地体验花园的四季变化。

　　客厅窗台下，取消了一池杂乱无章的月季，保留姿态不错的石榴树。石榴树下，重新组合植物，旁边配上浇花用的水栓，窗下变得自然而亲切。

　　后花园　调整入口台阶落差；增加木制铺装面积；两侧放置花钵，使业主能够感受到浓烈的欧式对称花园气氛。

　　休闲平台　整体抬高1.5m，满足一家人的休闲娱乐。放置一套休闲桌椅，可以悠闲地享受阳光沐浴。儿童沙地暗藏在铺装里，小孩玩耍时可以掀开木盖，打开沙池暗箱，方便又整洁。

　　木亭顶部抬高50cm，为了控制造价，设计师摘掉木亭檐下四面装饰格栅，拆除面对建筑的两面坐凳。就像拽掉围巾，脱下大棉靴，人一下子利落多了。旧木色刷上白色的木纳油，亭与建筑间铺上红色的烧结砖。

　　花园空间小，假山砌得高，将其彻底拆除，后花园一下子变得开阔了不少。

　　木亭旁的烧烤台尺度紧凑，自然石体现乡村氛围，下铺米黄色砂岩。种植池种植以花灌木为主，效果长久且易于打理。

设计：靳　瑞（北京和平之礼景观设计事务所）

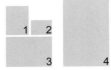

1. 石榴树下重新组合植物，让窗下变得清爽而亲切。

2. 有限的空间里，一张桌两把椅就是一个"随人情而定"的休闲区。

3. 入口花境清新自然，逐步延伸至门口。

4. 别致的铺装增强空间层次感。

1. 假山拆除后，花园看上去精神多了。

2. 对亭子进行"改妆"处理，使其与花园空间相"互动"。

3. 角落里的小水景，别致而清新。

4. 木亭旁的烧烤台尺度紧凑，体现乡村氛围，下铺米黄色砂岩。种植池以花灌木为主，效果长久且易于打理。

大道至简的白色庭院

用破败不堪来形容这座花园"前世"一点也不过分，也因为如此，业主才急切地希望可以给它一个特别的"今生"。纯净而醒目的白色，预示了新的开始。

将停车区与种植区"打包"处理，也是希望业主一回到家里就能有全新的感受。整个花园都呈现强烈的线条感，在规则中打造现代美。

这是一座简约风格庭院。位于上海宝山区保利叶上海别墅区，是一座联排住宅的前院。按理说70m²也不算小，但现场胡乱种植的大大小小的乔灌木挤占了许多宝贵的空间，让人感到昏暗和狭窄。因为没有阳光，草坪也无法舒服的"生活"。而常年积攒的落叶又与泥土杂草混在一起，让人难以清扫。于是，院子就变成一副破旧相，让人很难喜爱。

业主是一对中年夫妇，他们想尽快改变这种状况，希望这个前院能变得规整有序、干净利落，成为一个既有趣味有魅力十足的空间。

经过实地考察，设计师给出"三步走"的改造方案——首先将场地内所有的乔灌木全部去除，它们遮挡了宝贵的阳光。其次，将草坪"改装"为沙砾，米黄色的沙砾，温暖、沉稳又大气，能够有效改善院子阴冷的感觉。第三，沿入户道路设置矩形水池，规整的水景在为小院注入灵动之美的同时，也在炎炎夏日为业主送来一份清凉，免去遭受"桑拿"之苦。

花园不一定非得以花为主角，在缺少光照的北庭院，以硬质地面和沙砾铺装打底，少量种植耐阴植物，恐怕才是上策。于是，在水池左侧，用红砖和浅灰色石材组合铺设的入户道路形成独特的"斑马线"地景，成为业主一家人休闲散步的活动区；而右侧，红砖与普通地砖组合成就了爱车的安乐窝，这个"露天停车场"的设置让很多人明白与生活密切关联的很多事物都能成为花园的一部分。如此布局令花园空间划分更加"简明清晰"，巧妙的设计也让花园功能变得更加全面、实用。连接两个区域的是黄色砂砾组成的z型小路，让空间衔接更为自然。

花园的其他空间基本被造型各异的种植槽所占领，成为植物的"小天堂"。白色的叠加花坛反射天光，有效弥补北院光线不足的缺憾。更与简约的跌水口相呼应，在花园里形成一条白色的缎带，格外抢眼。色彩分明的彩叶地被在白色线条的衬托下，更显妖媚。毛绒绒的球柏、俏皮的红豆杉、绿油油的常春藤、金灿灿的金叶石菖蒲让硬朗的花坛更具勃勃生机，季相分明的植物景致让花园多了一份"小清新"。水池旁，一棵朱蕉从沙砾中"钻出"，棕红色的叶片直挺挺的，极富张力。鹿角柏耐干旱，适宜与沙砾组合在一起营造旱景，于是设计师在花坛前栽了一棵，算是花坛区"开篇曲"。三株金边丝兰"站在"三个黑金色的高大容器内，夸张的造型让围栏前方的种植池多了一点沉稳的感觉，并与棕红色的木围栏带来颇具异域风情的景致。

设计：张向明（张向明景观设计事务所）

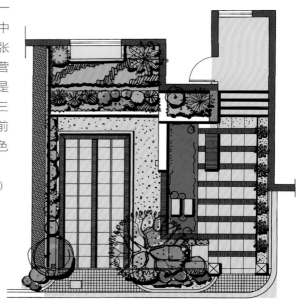

在花园中给爱车保留一席之地，别出心裁

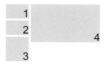

1. 改造前的花园入口。

2~3. 改造后的花园入口，沿入户的道路设置长条水池，提升花园品质。

4. 缺少阳光的朝北庭院，不一定非得有花，硬质地面和沙砾铺底，少量种植耐阴植物，可谓是因地制宜。

1. 在该项目中，硬质铺装在提升空间格局视觉效果上发挥了重要作用。

2~3. 阶梯式花池让有限空间内植物景观更具层次感。

4. 高大盆栽体现次序感，装饰性亦很强。

热烈、浪漫的红色庭院

　　耀眼的红色让人精神振奋，也与后方的种植池中绿色的植被形成鲜明对比，更具有吸引力。户外spa区也因此变得更有情趣，放置在一旁的香蕉、蜡烛和小饰品是营造气氛不可或缺的元素。

　　休闲区处于一个"过道"内，空间有些局促。延续spa区的风格，这里变身为一个幽静的空间，可独处可密谈。

　　红色庭院是个露台,有些美式风格,面积约60m^2。现在带露台的房子越来越受欢迎。跟地面花园比起来，露台花园灰尘少，空气好，蚊虫也相对少很多，夏夜里带着宝宝铺张凉席躺在上面数星星，如此美妙的亲子时光岂能错过。

　　夺目的红色只因一个"L"型户外沙发，防雨的质地让人省去不少担心和烦恼。一气呵成的"红丝带"让露台的气氛一下热烈起来。硕大的黄杨球、金灿灿的黑心菊、繁茂的红花檵木将花池充实。

　　整个露台更注重服务功能，雅致的植物景观担当配角。白色的户外SPA给人感觉相当"带劲"，如此时髦的设施在国内的花园并不多见。不用担心会走光，厚实的木板已经将露台严严实实的包围起来，安全工作做得很到位。白色铁架上摆放着白色的香薰蜡烛和粉色的花环，以增加浪漫情调。到了夜晚，摇曳的烛光与天上的繁星遥遥相望，点燃心中的那份思念。白色的欧式陶罐既是装饰品，也能安放绿植盆栽，一点也不突兀。简易的烧烤炉也很实用，想吃点什么随时搞定，也省去搬运材料的辛苦。

　　露台还有一个"小胡同"，这里相对更为僻静。棕色的现代户外长沙发，摆放橘色、棕色、浅湖蓝色沙发垫，让人坐在这里更加舒适。白色沙粒铺地上，一盏独特的庭院灯让人想起节日里高高悬挂的大灯笼。一个黄杨球、一丛黑心菊，简单的配置与外侧的花池首尾呼应。带有中式木门的壁柜具有储物功能，让露台空间更为整洁、大方。

设计：张向明（张向明景观设计事务所）

红色的"L"型户外沙发高调地烘托着花园主题

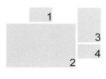

1~2. 休闲区改造前后对比，家居生活感及功能性显著增强。

3. 改造后的户外SPA区，户外沙发及与之呼应的花池为该区域增添更多情趣。

4. 改造前的户外SPA区。

1、3. 紫薇、黑心菊、黄杨等"编织"的彩带与红色沙发相互映衬。

2、4. 在拆除原有固定的烛台后，空间更为规整，取而代之的是更为灵活的烛灯。

被爱之潮包围的蓝色庭院

休闲区极具异域风情，水景、廊架、帷幔、沙发、吊扇，每一种元素都让"味道"愈来愈浓。

蓝色能带来一种清凉感，对于削弱夏季的燥热感效果显著。

菠萝格廊架的厚重和沧桑很有岁月感，像一首悠扬老乐曲，让人倾心、难忘。

蓝色庭院是个入户花园，大概70m²的样子。清凉的蓝色来自水景、帷幔和休闲沙发。或许是因为平日很少有人如此运用，所以这个很纯的湖蓝色格外抢眼，有种一击即中的感觉，很难忘记。细细品味，又有些异域风情暗藏其中。

水景位于花园入口对面的墙体上，算是出入口的对景。深灰色的"岩石"墙壁上，3朵"大丽花"纵情绽放，清亮的水柱从花蕊中间流出，徐徐注入湖蓝色的罐子里。因为是玻璃钢材料，所以，流水滴落的声音更加厚重。等到罐子里的水蓄满了，就会慢悠悠地溢出来。罐子下方是一个铺满黑色卵石的水槽，其实它还有更重要的工作——蓄水，这样就不必担心这里上演"水漫金山"的大戏了。

以菠萝格搭建的廊架将花园休闲区范围清晰界定。菠萝格这种材料重、硬、坚韧，花纹美观，抗潮、抗白蚁性极强，耐腐性强，很适合在花园里使用。4根柱子被蓝色的方格帷幔修饰，也变得温柔起来。微风中，轻柔的纱幔扫过石台，与一旁的茶花"小声耳语"。打开纱幔，刺眼的阳光被巧妙遮挡，四周悠悠的花香令人舒爽。在这浪漫而奇妙的氛围中，坐在湖蓝色的休闲铁艺沙发里，背靠柔软的靠垫，一边品尝美味的水果，一边阅读心爱的书籍，舒服地享受闲暇时光，还有什么比这更幸福的？廊架下方悬挂一盏复古的吊扇灯，古铜的"肤色"与菠萝格的颜色相协调，也为廊架增添一丝沧桑感。

掩藏在角落里的射灯用来在夜间将重点植物与装饰品照亮，墙壁上的铁艺装饰极具艺术气息，与户外铁艺家具相互呼应，让这个现代庭院更加时尚。

成都气候温暖潮湿，比较适合植物生长。设计师选用一些耐寒耐干旱的植物，并以木本小型灌木，如青枫、茶花、茶梅、红花檵木、小桂花等为主景材料进行布置。灌木外表有些硬朗，为此一些比较柔美的观赏草，像蒲苇、细叶芒、金边苔草等也被栽种在花园里，以弱化这种感觉。花园里的花并不多，所以业主也无需担心繁琐的养护工作。

设计：张向明（张向明景观设计事务所）

水景、帷幔、沙发、廊架，极具异域风情的格调十分引人

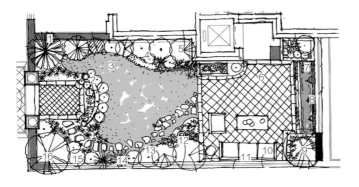

1. 青枫
2. 文化石景墙
3. 草坪
4. 花境
5. 紫薇
6. 入户铺装
7. 水面
8. 水景墙
9. 花坛树池
10. 户外沙发
11. 屏风网格
12. 雕塑饰品
13. 竹笋
14. 亚麻
15. 金叶女贞
16. 杨梅

1. 蓝色的纱幔以其柔和的质感让空间更为协调，同时也注入些许浪漫气氛。
2. 铁艺茶几与座椅和廊架相呼应，不用铺艳丽的地毯又将金属的硬朗弱化。
3. 迎合场地区域气候，有针对性地选择植物让花园之美更长久。

浓情蜜意四季中

　　将美丽融入生活，是这个花园的主旋律。所以，我们将一些可爱的花、装饰小品设置在这里，就是希望你从哪里和它接触时，都会因为那一点点的"萌"而爱上它。

　　防腐木花格是围墙的装饰物，同时自己也是一道小风景——你可以用馨香的藤本月季装扮它，也可以让它成为小资人的"家"。让生活变得温馨，其实就这样简单。

　　这是位于北京天竺新新小镇别墅区内一个使用面积不足50m²的小花园。"麻雀虽小，五脏俱全"，而业主还有一个更为重要的要求——让一家四口人可以在这个小天地里自在舒适地活动，而花园和住宅也要和谐相融。

　　高度将近2.5m的花园围墙，虽然保证了私密性，但相对花园整体空间而言略显"高耸"，让人感觉有点压抑。为此，设计师在东西两侧的围墙设置防腐木花格，让藤本月季和铁线莲顺着木制花格一直往上攀爬。而高墙、花格、工具房，以及休闲桌椅、低矮的小花池，高度呈递减关系，也在一定程度上弱化了花园围墙的高度。

　　业主家庭成员是一对夫妻带着两个活泼可爱的不到十岁的男孩，因此花园在户外休息区设置了一个将近30m²的硬质铺装，如此设置既考虑到夫妻招待亲朋好友在花园里面小憩，也为设置一个很大的工具房创造了条件。工具房内不仅存放着不少园艺工具，也是孩子们的"玩具房"——放置了很多他们心爱的大玩具。周末，两位小朋友可以拿出自己想玩的工具，陪着大人在户外活动。

　　花园虽小，却不能缺少植物的映衬。设计师巧妙运用边角种植高矮错落的大小乔木和花灌木。于是，花园整体植物景观层次变得更为清晰。而松果菊、蛇鞭菊、桔梗等宿根花卉以及部分像美女樱之类的一年生草本花卉，不仅让小院子三季都有缤纷的色彩，也引来蝴蝶和蜜蜂，让这里多了一些生机。

设计：胡　杏（北京陌上景观工程有限公司）

花格让花园的美延续至围墙，让植物景观更为丰满

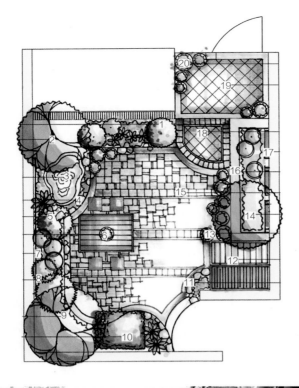

1. 花灌木组合
2. 海棠树
3. 涌泉水景
4. 特色景石摆放
5. 花灌木组合
6. 原有户外桌椅
7. 爬藤月季
8. 黄杨球组合
9. 原有乔木
10. 造型树
11. 置石花池
12. 工具房
13. 陶艺花盆组合
14. 原有乔木移位
15. 特色铺装
16. 小花池
17. 木格栅
18. 弧形台阶
19. 陶土砖斜铺
20. 陶艺花盆组合

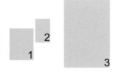

1~2. 花园入口若隐若现的景观，激发人们进入花园的好奇心。

3. 花园空间小有一个优势，就是能让人有更为强烈的被花草树木簇拥的感觉，所以这个休闲区非常受好评。

1~5. 花园虽小，却不缺少植物的映衬。设计师巧妙运用边角种植高矮错落的大小乔木和灌木，植物景观层次非常丰富。

part 2

100~300m²

此种体量的花园项目最为常见，说大不大，说小不小。如何做到独具创意、功能多样，而不是设计师的"个人秀"，需要设计师更多地从花园使用者角度去揣酌设计风格、空间布局、植物造景会给使用者带来怎样的体验感。

这种花园需要一个亮点，或是绚丽的软景，或是别致的水景，又或是精致的景墙，总之，一定要有一个"开关"，连接观者的内心，让花园得以"住进"他（她）的心里。

在波峰波谷间
尽享时光交迭

　　设计师将花园分隔为三个不规则空间分别设计，借助铺装、水系将它们串联，形成一个整体。

　　对于户外客厅，设计师花了很多心思，所以在这里你会看到曲线造型的花坛，具体防水效果的户外沙发，以及用非常普通的红砖铺设的坐席区，舒适、清新、亮丽、便捷，业主对该处设计也非常满意。

　　整个住宅地形为三角形，别墅位于中间位置，总面积约260m²的花园将其包围。从别墅的厨房、客厅等多个房间能直接进入花园，整体落地窗让主人在室内也能尽享小院的四季美景。室内外空间良好的渗透性大大提升了居住的舒适性。设计师将花园分隔为三个不规则空间进行设计，依次为种植区、户外客厅和户外餐厅。

　　为了给两位老人创造具有充沛阳光和新鲜空气的户外活动场所，设计师在植物配置上摒弃使用浓荫的高大乔木，在原有乔木的基础上加大中层和底层植物量，能接受到更多的阳光；多种芳香植物为净化空气立下汗马功劳；一小片专属菜园让两位老人每天有机会从事一些轻量运动来疏松筋骨。

　　户外客厅是花园最别出心裁的设计，成为举办家庭聚会和私人派对的首选地。根据空间和地势条件，设计师设计了一座曲线造型的花坛。高度近80cm的白色围墙里，红色紫色的宿根花卉、蓬松的观赏草、丰盈的灌木带来一派热闹的自然景致。起伏的植物在遮挡视线、保护隐私的同时，也保证空气顺畅流通，阳光能够透过枝叶给人们带来温暖。既然是曲线，自然少不了"波谷"。设计师将其设计成坐席区。选用进口防水材料制作的沙发坐垫和靠垫不仅满足功能需求，夺目的红粉蓝线条图案也与四周的绿色形成鲜明对比，分外抢眼。"波峰"处如果只是雪白的墙壁未免有些突兀，聪明的设计师以黑色铁艺装饰墙壁，蜜蜂、花朵、小草等俏皮可爱的图案给空间的趣味性加分，也与整体环境相协调。

　　最为普通的红砖被一块块立起用于户外客厅地面铺装，有别于以往的应用形式带来新的视觉体验，这可比使用特色地砖节省不少开支！平台中央的点睛之笔是盛满紫红色矮牵牛的黑色陶罐，古朴且不失活泼。

　　凌驾于水系之上的曲桥将户外餐厅与户外客厅连接起来，由于前者与后者之间有近30cm的落差，如何让两处的水面保持水平状态，确保亲水乐趣不打折，同时消除高差？设计师在两个空间连接处兴建了一座小型拦水坝。当户外餐厅水池内装满水后，水就通过拦水坝流入户外客厅的水池，拦水坝还能形成跌水景观，与曲桥相呼应，别有情趣。

除了水系，连接户外客厅和户外餐厅的还有一处露天烧烤区。烧烤区位于一个木制平台上，黑色的欧式户外餐桌椅简约而稳重，平台一角矗立着巨大的遮阳伞，将整个用餐区全部保护起来。紧邻花坛一侧是一座简单的烧烤台，上面搭建一座葡萄架。

户外餐厅和烧烤区之间的水系用黑色防渗膜做铺底，岸边四周布置种类丰富的灌木、花卉、观赏草和天然卵石，营造自然而绚丽的水系景观。之所以放弃使用小卵石覆盖池壁和铺底的常规做法，是为了保证有足够的水池深度，同时利于后期水池清理。而且防渗膜的褶皱中会逐渐积攒一些泥土，给水草、藻类生长提供条件，同样能够形成与天然水系相似的景观。

基于低维护的要求，花园所用植物均为上海乡土品种。紫荆、海棠、红梅、青枫等小乔木形成中高层植物景观。春天，粉色的海棠花开满枝头，一片片花瓣飘向空中，慢慢落在池塘里，于是，除了汩汩的流水碰触起的白色水泡，水面上还多了些粉色"香片"。水池边，层次感极强的羽毛枫犹如身披红纱的少女。低养护成本的小叶女贞、小叶黄杨、红花檵木、金叶女贞等灌木充实花园的中间层次，四季常绿的大叶毛鹃和紫鹃也是春天花海景观的重要元素，耐干旱的迷你月季让赏花期变得更长。观赏草是花园景观的"骨干分子"，花坛内、水池边、绿地里，总能看到它们高大蓬勃的身躯，倔强地挺着叶片，一点也不比多彩的花卉逊色。

设计：Sarah（上海沙纳花园设计）

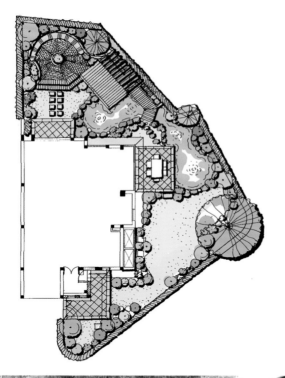

1. 拦水坝也能形成跌水景观。拦水坝两侧的空间有30cm的落差，拦水坝让两侧的水面保持平衡。当一侧的水池注满水后，水就通过拦水坝流入另一侧的水池。
2. 凌驾于水系之上的曲桥将户外餐厅与户外客厅连接起来。

1 2 3 4

1~3. 平台四周、水系旁丰富多样的植物在花园里形成起伏的花带，让空间更充实。植物均为上海乡土品种，节省维护成本。

4. 简单的种植花箱既柔和平台边缘，也与水系边的花草相呼应。

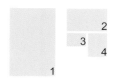

1. 最为普通的红砖铺设成户外客厅地面，有别于以往的应用形式带来新的视觉体验，而且节省开支。

2. 进口防水材料制作的沙发靠垫、坐垫舒适且防雨。

3. 小铁艺装饰白色花边，"大白"也变"小文艺"。

4. 月季是南北方花园的重要观花植物，艳丽的花色很提气。

散落在花园的小情调

　　狭长的过道是很不利的环境条件，但却让花园变得更为幽静，所以设计师用绿植和小品来点缀这里，吸引人们的注意力，忽略原有的压抑感。

　　后院承担"功能"部分，于是烧烤台、休闲平台、秋千摇椅，简单的配置以满足主要需求。

　　这是一座典型的狭长式花园，呈"匚"字型，位于北京顺义的龙湾别墅区。建筑周围还有门廊、采光井等附属建筑，把花园分割成大小不一的区块，空间组成有些零散，缺乏整体性。设计师采用"化零为整"的方式，将分散的区块合理、有机地利用起来，而花草树木就是串起空间的多彩纽带。

　　前后院中间是一条狭长的过道，被设计师开发成园径和植物观赏区。粉色、白色的波斯菊一簇簇迎风摇摆，欢迎着来此的每一位宾客。薰衣草从浓密的草丛中伸出纤细的"手臂"，紫色的花絮是优美、典雅的代言。茂密的中华薄荷、美国薄荷披着绿色的"盔甲"，只要你弯下腰，用手轻轻扫一下叶片，沁人心脾的薄荷清香就将留在指间，久久不会散去。这些薄荷还是女主人心仪的薄荷柠檬茶的重要原料，偶尔也摘上几片用来烹饪大餐。园路的另一侧，高低错落的笔柏、紫薇、石榴，竖起色彩丰富的屏风，遮挡外部视线。

　　沿着平铺的路径来到别墅右侧门，这里恰好形成一个相对独立的小空间。入口两侧各有一尊花岗岩大象石雕，精雕细琢尽显工匠技艺的高超。象背上的石墩上各放置一盆绿植，石雕旁边高高的富贵竹盆栽让此处的文化韵味和古色古香的气息更加浓郁。石雕对面墨绿色的花架前，一尊天使涌泉小水景很是别致，花架上的常春藤垂吊与藤本月季遥相呼应。种植池里，三色堇、丽格海棠等时令花卉和蕨类植物又为花架编织起一条多彩的蕾丝"裙边"。在一朵朵可爱小花的映衬下，小天使的笑容让人感觉更加天真烂漫，此情此景也让你不由自主地从内心深处释放出一丝笑容。

　　继续前行是一块非常柔软的草坪，上面有汀步石，两侧栽种薄荷和蕨类植物，自然而活跃，打破了园路方正平直的严肃气氛。

　　花园划分为三个功能区———前院菜畦、小型涌泉雕塑水景、后院木质休闲区。

　　推开树叶造型的铁艺小门，左手边就是前院菜畦。半圆形的休闲平台上几把座椅、一个方桌、一把遮阳伞，在绿色植物的簇拥下，坐在椅子上感受习习清风，闻着草木散发的香气，这一份惬意和悠闲正是都市人最向往的。

平台前方是一块块规整的菜畦，充足的采光给种植池里绿油油小菜苗提供超好的生长条件。菜宝宝们也不负众望，一个个精神抖擞，展露勃勃生机。刚刚收获了一畦白菜，空出的土地已经重新整理过，为下一茬耕种做准备。菜畦外侧、紧邻花园围栏的空间是云杉、海棠、丁香、黄杨的栖息地。高低错落的绿篱不仅遮挡了冷冰冰的金属围栏，带来舒适的休闲环境和良好的私密性，也使得花园与外部空间景观巧妙衔接，非常自然地融入到大环境之中。

后花园是主休闲区。木质平台正对园路的方位摆放一个木制秋千，白色的遮阳伞将整个秋千保护起来，不论风吹日晒都不会影响主人坐在这里欣赏花园的雅兴。秋千保留木桩最原始的特质，质朴的外形与四周景物更为协调，而且这种原生态风格也是时下的大热。

秋千斜对面的采光井旁设置工具箱，既可收纳大大小小的园艺工具，也可以落座，省去了不少放置椅凳的空间。

倚花园角落而建的烧烤台，用红色砖块和木板搭建而成。石质洗手钵搭配青铜小鸭子水龙头，为烧烤台增添一份小可爱。经过如此安排，建筑凸凹处就显得整齐多了。

平整的木制休闲区是全家和宾朋们聚会的场所，摆上餐桌椅和餐具，燃起烧烤台的火炉，烤制丰富多样的食材，配上一杯香气宜人的薰衣草茶或薄荷茶，可谓美味、健康两不误。

设置在四周的湖蓝色木栅栏，是藤本月季表演的舞台，童心未泯的业主还在空白处挂上一串小水壶和小铁桶，蓝色、绿色、粉色、橘黄色的小玩意儿让围栏多了些童趣，也多了些亲情。

整个花园没有拥挤感，可爱小巧的花园配饰，点缀于花境之中、窗台之上，湖蓝色的木质品，童话乐园一般，小有情调。

设计：曾　艳（北京和平之礼景观设计事务所）

1~2. 纤长的小径通向后院，路边有
风景有馨香。
3. 树叶造型的铁艺小门很文艺。

4	5
6	7

4~5. 园路两侧绿地内虽然空间有限，但布置的小品灯具与花草很好地组合在一起，丰富了视觉感受。

6~7. 寓意平安的小象石礅是业主从国外购买的，盆栽让门口也充满绿意。

1. 采光井的设计，竹子让空间显得雅致而富有生气。

2. 植物栽植紧贴外墙，借墙壁衬托，更是妩媚。

3. 火红的石榴与天使的喷泉，红与白的对比，非常亮眼。

4. 烧烤台已成为花园户外生活必备品。
5~6. 木质秋千满足所有人的"童心"。

融合多种味道的自在空间

7大功能区的设计让花园成为每一位家庭成员感受户外生活趣味的"天堂"。

景墙设计展示中式园林"先抑后扬"的趣味，悬挂在景墙上的绿色蝴蝶陶瓷挂件让中式韵味更浓郁，是我极喜爱的一件装饰品。

多功能休闲区不仅有强大的实用性，一个个"方格"也让光影游戏为单调的生活带来一丝欢乐。

这是一座混搭风格的花园。行走在花园里，你既能感受到美式乡村的淳朴，东方情调的悠悠禅意，还能捕捉到线条简洁的现代韵味。设计师在每个区域都营造出不同的景观，并巧妙利用材料的"呼应"使得每一个看似分离的区域其实都有着紧密的关联，达到整体性效果。

考虑到每个家庭成员的不同要求，设计师将花园分为入口景观区、水景观赏区、内庭景观区、多功能休闲区、植物观赏区、儿童游戏区、果蔬种植区七个区域。每个区域都以人为本，意在营造自然、舒适、艺术的花园生活，从而让业主更好地融入大自然的怀抱之中，感受与自然亲近的快乐与轻松。

为了不让花园入口过于通透，设计师借鉴中国传统造园"欲露先藏"的设计手法，于是，在狭长的甬道两侧出现了两面景墙——一面以修剪平整的绿篱为前景，入门有绿，在庭院风水学也是非常讲究的，可以增加主人的财气。另一面则以简洁现代的实体景墙为中景，墙体里内嵌玻璃砖，若隐若现的能看到后面的几丛竹子，而远处枝繁叶茂的大乔木成为了背景。清晰的空间层次让人感觉轻松舒适，蜿蜒曲折的园路又将人带到后花园。

通过幽深的花园甬道，一座"一应俱全"的后花园逐渐显露出来。

首入眼帘的是一个圆形水景。将水景置放在客厅与主休闲区的轴线上，便于多角度观赏它。这样，不论是坐在客厅里，还是在休闲区"闲逛"，你都能感受到清凉的水花"落入"心间，积压在心中的"阴霾"顿时一扫而光，轻松欢快的"乐曲"也慢慢唱响。

内庭景观区是具有东方情调的视觉空间。几丛名贵的紫竹将视线延伸，一盏古香古色的石灯增加雅致、温馨的书香气，从石磨中潺潺流出的水声增加了灵动气氛，周围用白色的卵石修饰，条砖铺地，再有些苔藓滋生，于是，略带沧桑的幽静韵味就此诞生。无论是从客厅、玄关、餐厅看室外都是美景一处，每个角度都有它的禅意之美。

多功能休闲区集休闲、娱乐、会客于一体。通过两层错落的休闲铺装又分成了主、次空间。主空间面积较大，用于会客，采用自然的烧结砖铺地。

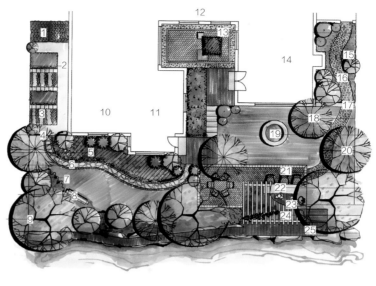

1. 工具房	10. 老人房	19. 观赏水景
2. 散水兼步道	11. 起居室	20. 庭荫树
3. 菜地	12. 餐厅	21. 休闲区
4. 木质栅栏门	13. 中庭景观	22. 吧台
5. 植物观赏区	14. 客厅	23. 小休闲区
6. 游泳路	15. 绿篱景观墙	24. 花架
7. 阳光草坪	16. 中庭景观	25. 木栈道
8. 秋千	17. 景墙	
9. 庭荫树	18. 庭荫树	

次空间上方设置花架，L型操作台起到了与主空间互动的作用，木质铺地更具自然气息，南侧临水方向通过三面屏风让此处的私密性大大提升，拾阶而下是通往木栈道的区域。

在植物观赏区，高低错落的乔木、花灌木搭配出多重绚丽景致，造型优美的植物，沁人心脾的馨香，让你时刻感受到大自然的神奇魔力，它就是让你生活得更加自然、舒适的源动力。其实，幸福就是这么简单。

儿童游戏区，给宝贝更多快乐的空间。游戏区背后是茂密的植物，遮挡炎炎烈日，以免将宝贝吹弹可破的皮肤晒黑，前面是开阔的阳光草坪，它为游戏区域拓展了更多活动空间。此外，将此区域置放在老人房外面，也是方便老人照看孩子，一举两得。

果蔬种植区是留给喜爱劳作的老人使用的，当然也是孩子观察植物与动物的理想场所。哪个宝贝的父母也不希望自己培养的孩子"四体不勤，五谷不分"。种植区的一端是工具房，方便储藏工具、肥料等物品，实用又美观，依附在建筑旁边成为建筑体的一种延续。

照明在庭院的装饰布局中占有重要地位。这座花园的灯光照明分为景观照明和基础照明，兼具实用性和装饰性。暖色低照度的柔和灯光让园主尽情享受花园生活的乐趣。

本着三季有花、四季有景的原则，在种植上以黄杨、竹子、云杉等常绿植物为背景，其他多采用观花、观叶乔灌木及宿根花草。叶、花、果各异的形状及丰富的色彩让花园更加生机勃勃。

设计：侯　梅（北京和平之礼景观设计事务所）

1	
2	3
	4

1. 古朴的水槽塑造小水景。

2. 整齐的菜园已成为很多久居都市业主的重要需求。

3. 工具房前一座秋千椅，恰好也位于树下，坐在秋千椅上欣赏花园四季景致舒适又惬意。

4. 铁艺户外休闲桌椅经久耐用。

1. 多功能休闲区利用铺装和空间布置，让小格局也同样脉络清晰。

2. 借用中园传统造园手法设立的景墙，完美实现"欲露先藏"的任务。

3. 精美的蝴蝶饰品让人爱不释手，在细节上的追求，也是提升花园品质的重要做法。

4. 木廊架让户外就餐区在不久的将来多了一份荫凉，一个个方格让空间多了光与影的"游戏"，也让更多垂吊盆栽有机会在这里"亮相"。

自然舒适的宜人之所

　　每一个区域都有其明确的"职责"，而它们共同的使命就是让花园更充实，更受欢迎。

　　花架休闲活动区和水系景亭休闲区都是可近距离感受亲水乐趣的空间，前者是做工精湛的喷景，后者是近自然风格的小池塘，总之，没有水难成园。

　　为了将花园打造成惬意的休闲场所，实现业主对花园的使用要求，设计融入了以下诸多设施：停车区、花架、碧泉、花园甬道，微地形种植景观、菜地、景亭、自然式水系、储物柜等。力求让业主每到一处都有不同的赏心悦目的花园景观。无论是深处室内还是室外，处处都是景观点。

　　庭院从前到后明显划分为五个功能区：停车区域、花架休闲活动区、下沉花园活动区、水系景亭休闲区、微地形种植区。

　　停车区域　主要用于停车，属于开放空间。

　　花架休闲活动区　注重观赏及休闲的功能，又作为室内客厅的延伸，花架作为炎炎烈日的遮挡物，花架上藤蔓植物增加了花园的立体空间，又为老人和孩子带来无限的乐趣。属于半开放空间。

　　下沉花园活动区　在出入口的正面。拱涧来呼应建筑的特色，仿佛是能通过的门，给人视觉上的遐想。东侧墙体的管道通过木质包装将其掩映，预留检修门方便以后检修。紧邻管道包饰的落差式花台，可置放花盆，亦可作为储藏空间使用，既美观又实用。西侧墙置放隔板来丰富这面呆板的墙体，属于私密性空间。

　　水系景亭休闲区　这是后花园的主休闲区，约15m²的景亭采用木质结构，亲和力强，无论是下雨还是阳光下都给业主提供了良好的去处。亭下的操作台采用红色烧结砖砌筑，与道路、建筑等周围环境相呼应，给业主的生活带来了方便。景亭紧邻水系，宛若亭在水中立，浅浅的水池可养殖睡莲、锦鲤。婉转流畅的曲线勾勒水池的轮廓，使水与亭更加紧密的结合。层层跌落的水系仿佛展开的中国画卷，给餐厅用餐的人们以视觉上的享受，为半开放空间。

　　微地形种植区　利用挖出水池的土，垫高空调区域的地势，打破花园的平淡无奇。在微地形上随意安放景观置石，配置富有野趣的乔、灌、花、草，慢慢延伸到水池的边沿，体现自然、舒展的欧式乡村风格的花园意境。

　　花园的建造材料主要选用如下几种　1. 红色烧结砖，主要用于停车区的铺装；2. 黄色板岩，主要用于花架下休闲区和甬道的铺装；3. 不规则黄板岩

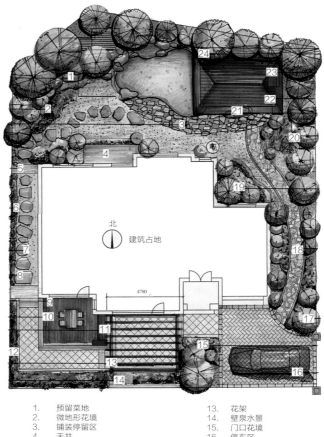

1.	预留菜地	13.	花架
2.	微地形花境	14.	壁泉水景
3.	铺装停留区	15.	门口花境
4.	天井	16.	停车区
5.	中转石板	17.	丁香
6.	藤本月季	18.	花园甬道
7.	老石磨	19.	地形花境
8.	汀步石	20.	花境
9.	下沉木质铺装	21.	踏脚石
10.	墙体隔板	22.	景亭
11.	收纳箱	23.	操作台
12.	花池	24.	自然式水景

主要用于花园主要道路、汀步路及水景旁的停留区；4. 防腐木，主要用于下沉花园的铺地、花架和景亭。以上材料都属于自然材料，是建造花园的最基本元素，利用每种材料的不同特性，穿插使用，体现设计的细部，达到和谐之美。

本着三季有花四季有景的原则，在种植上以本地北海道黄杨、黄杨球、云杉等常绿植物为背景，其他多采用本地观花观叶乔灌木及宿根花草类。叶、花、果各异的形状及丰富的色彩能使花园显得更加有生气。

照明在庭院的装饰布局中占有重要的地位，本庭院的灯光照明分为景观照明和基础照明，兼具实用性和装饰性。暖色低照明度的柔和灯光让园主尽情徜徉在静谧、优美、和谐的夜色中。

设计：侯　梅（北京和平之礼景观设计事务所）

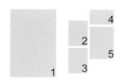

1. 踏着碎石板小路穿过拱架门进入水系景庭休闲区。

2~3. 角落里丰满自然的植物配置。

4. 体现自然风情的水池因天然石材的围合更有韵味。

5. 藏与草坪内的石板小径纯朴而可爱。

水系景亭休闲区：景庭采用木质结构，增添厚重感，颇具气势。藤制休闲桌椅与景亭在材质上相呼应，但很显档次。

1~2. 入口处的小水池，旁边是各
种植物，充满自然的气息。
3~4. 花架休闲活动区，在这个
半开放空间既有风景欣赏，也能
享受休闲时光。

木子公主的伊甸园

前花园"水珠印记"的铺装将硬石板与柔软的佛甲草巧妙融合，在色彩、质地和造型上的强烈对比，使得这一设计十分抢眼。

后院半圆形的休闲区是花园的主休闲区，这里是感受家庭温暖与快乐的地方。而另一端的半圆形座椅是方便业主欣赏小区湖景、感受溪水而居的重要设施，实用而富有创意。

《圣经》记载，上帝在东方的伊甸建了一个园子，那里溪流淙淙，鲜花簇簇，莺歌燕舞，动物成群，人们相亲相爱，安居乐业。

这是人人向往的生活美境。今天，我们正乐此不疲地奔波在营造美境的途上。不过我们是造园者，而"上帝"是花园的主人。

今天我们要讲述的是"木子公主的伊甸园"。

木子公主说话不饶人，一生气嘴巴撅得像碗豆射手，我们都见她生过气。加上她一出门，前呼后拥的阵势，我们在背后就叫上她公主了。

公主人美心眼也好，喜欢聊花园的话题，聊高兴了一阵阵银铃般的笑声，响彻在她的花园里。

这座坡地上的独栋建筑，前花园和建筑的F1层是平面，后花园和建筑的B1层是平面。两侧是狭长而陡峭的坡，西侧事先盖上了阳光房。

设计者结合现场的地势特征，以及建筑与室内的装修风格，将花园定位为现代简欧风格。

前花园西侧地下是影音室，土层种植受限，因此利用微地形提升土壤深度，丰富种植区域的立体效果。

"水珠印记"的铺装形式，采用天然砂岩和植物相间制成，看起来柔软而自然，是老人与孩子享受阳光的好地方。

前花园东侧采用规则式铺装。为了不影响采光，临窗种植低矮的花卉。在花园墙的内侧，采用灌木与多年生花卉搭配种植，私密性和观赏性兼顾。

由于花园东侧的外延和纵深坡度很大，因此设计采用传统的挡土墙固坡纳土，增加种植空间，不仅形成东侧的台地景观，而且使花园的平面面积得到了扩展与延伸（比设计前增加了55m²的花园面积），这是公主最满意的设计点。

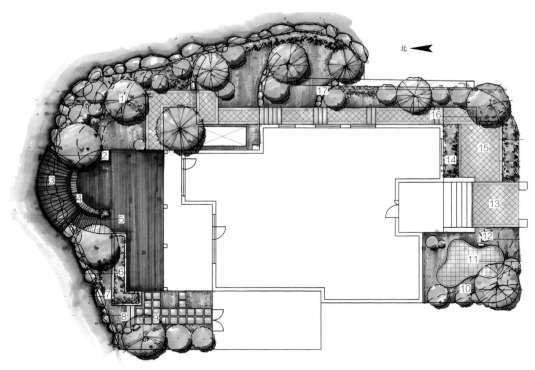

1. 缓坡种植区
2. 烧烤操作台
3. 亲水平台
4. 弧形座椅
5. 后院主休闲区
6. 花池
7. 水边草坪
8. 台阶
9. 规则汀步

10. 微地形草坪
11. 异型休息区
12. 汀步
13. 入口通道
14. 花池
15. 晾晒区
16. 花园小道
17. 挡土墙

  绿意浓浓的佛甲草坪，仿佛将要溢出台地，蔓延进溪水里。每层台地的外围，搭配着不同的灌木，四季景色皆有更迭变换。

  后院的休闲区借助地势做了两个层次，上层是半圆形的休闲区，它是花园的主休闲区，也是室内起居区的延伸。

  半圆形座椅包围下的休闲空间，增强了临水区域的安全感；而沿着半圆形座椅拾阶而下，又是扇形的滨水（别墅区公共景观水系）区域。

  通过这样的处理，抚栏眺望远林近水，最大程度地发挥出临水别墅的优势，这也是此件作品设计中最实用的一个创意。

  顺便看一看木子公主的伊甸园里，新近都请来了哪些常客？呵呵，青蛙王子，开汽车的喵星人，飞天猪，连锁猫咪，还有滑雪大公鸡……

设 计：侯 梅（北京和平之礼景观设计事务所）

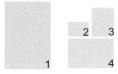

1~2. 前花园两侧采用"水珠印记"的铺装形式，不仅满足功能需求，而且带来颇具趣味的铺地景观。

3~4. 休闲区是室内起居室的延伸，这里记录着一家人的欢乐时光，也是独处冥想的宁静之所。

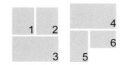

1~2. 俏皮的小品让花园极具童趣，更成为花园的一大亮点。

3. 基于地势条件，花园东侧构建成台地景观，有体量、有层次、有质感。

4~6. 半圆形休闲区是花园的主休闲区，沿着半圆形座椅台阶而下，又可到达扇形滨水区。

中式田园小风情

过硬的荷载条件让这座空中花园得以有较大的发挥空间。因而，丰富的植物、清澈的池塘、蜿蜒的石步道路，让这里的中式韵味慢慢释放。

白色的围墙也改为我们的"画纸"，用灰瓦堆叠的群山，在白墙的衬托下又演绎出徽派的小情怀，让花园的美又延伸至空中，耐人寻味。

在大名鼎鼎的北京亚运村汽车交易市场里，有一座中式田园风格的中庭。走进这里，第一感觉是来到一座隐秘的高级会所。这个面积大约110m²的空中花园里，徽派的门头、中式的花窗、精致的石灯、青砖、白墙以及一些青瓦片勾勒出来的层峦叠嶂，一下子把人带入舒适惬意的诗情画意之中。

这里，室内是繁忙的办公场景，室外是高山流水的田园意境，只是一面墙、一片窗的分隔，这样的转换，让人们在来来回回的穿梭中仿佛感到一种时光的交错。

为了营造一派绿意浓浓的办公配套环境，郁郁葱葱的植物自然是必不可少的主角。为此，设计公司最大限度地增加了屋顶花园的绿化种植面积。各种花木的"居室"——花池是必须的"装备"，于是设计师在尽量控制花池高度的同时，又将园路顺着花池的走向延展开来，通往不同的办公区域，时而拾级而上，时而缓步下行，尽量让人们在有限的空间感受到步移景异的精彩纷呈、春夏秋冬的缤纷多彩、鸟语花香的情趣无限。

由于屋顶花园带有顶棚，因而内部环境比较接近阳光房花园的气候条件。设计公司充分考虑到一年四季的季相变化和便于维护的需要，选择了很多容易打理的室内绿植，如散尾葵、蒲葵、橡皮树等，同时又将景观效果表现上乘的日本红枫、郁李等融合进来，这样既确保植物的立体层次分明，空间布局充盈，同时又利用搭配组合，展示不同植物的精彩。

小桥、假山的运用，无疑让整个中式小游园的味道更加浓郁。花园具有观赏、种植的功能毋庸置疑，而休闲平台的设计则给驻足和休闲活动提供更多的可能和便捷。

坐在平台上，沏上一壶茶，低头看，几尾锦鲤在精巧的池塘内"散步"；抬头望，小黄雀在枝头上轻声"歌唱"。慢慢闭上眼睛，沉下心来，享受周遭的"小风情"，好不快活。

设计：李　玉（北京陌上景观工程有限公司）

一盏灯，一面墙，恰到好处的留白别具韵味

1. 园路四通八达通向不同办公区。
2. 小桥流水，花香鸟鸣，坐在其中，悠然自得。
3. 在这优雅的环境，"雀儿"也变得更有精气神儿。这也让花园更具"鸟语花香"之美。
4. 做工精巧的石灯是点睛之笔。
5. 过道间，几秆竹、几块石，也是很有"书卷气"。

在"画"中感受
幸福浪漫时光

花好月圆，寄托诸多美好与幸福的庭院自然该像一幅画，随着脚步移动，逐渐延展在人们眼前。

满月景墙是"点题"的关键，这个极具中式韵味的硬质景观将一轮"满月"永远留在院中。精湛的刻工让这份美更趋极致，而地面上满月图案在相互呼应间又将划上完美的句号。

青蛙石缸水景与庭院西侧的假山水景，运用不同手法将灵动之美引入院落，也将自然的美与趣留给人们细细品味。

这个坐落在绍兴的庭院，约170m²，在首先满足业主三辆轿车停车位、足够的户外活动空间、养护便捷等明确要求下，设计师充分尊重别墅建筑与庭院现场中的现有条件、尊重业主的内心诉求，非常有效、精准利用空间，用园林特有的景观词汇，营造出"花好月圆"这一美好而古老的意境。

别墅建筑坐北向南，庭院东南两面的围墙，排列出通透的窗格，西面是与邻居分界的实体围墙。庭院地面是青石板铺就的矩形大格子，米色花岗石分割，显得干净清雅。在庭院东南面的入口，迎景是一只青蛙石缸水景，石缸立在不大的圆形水面，掩映在一株高大的香泡树下；石缸四周溢水而下，缸体上雕出的几只小青蛙紧贴缸体外壁，跃跃欲试的姿态，似乎要逆水而上，一跃跳入缸中。缸中的水，则由上部一只独坐的青蛙口中喷出，注入缸中，溢出缸口的水顺势再滴入下面的小水池，几条小红鱼，在潺潺的流水里，悠悠地游来游去，十分有趣。

正对别墅门厅的是一道有着独特表现的景墙：雕刻有花瓣的圆形石制窗洞，内嵌两组发光灯带，分别控制白色和黄色灯带，圆窗中还可以选择悬挂四季可换的盆花。景窗后面几丛修竹分隔庭院南面的围墙。无论是白天还是夜晚，这道景墙都格外引人注目。

既然是月色满园，"满月"自然就是核心要素，如何让圆月24小时常驻小院？设计师有办法，将其保留在古色古香的景墙中。景墙高3m，青灰色的仿古青砖片与院墙相呼应。景墙中央位置，一个圆圆的漏窗紧扣"圆月"主题。漏窗外沿，是花岗岩质地的环形莲花边饰、阳面雕刻，又与地面上一个同样图案、阴面雕刻的花岗岩铺地相呼应，让这里多了一份禅意，更具中式韵味。白天的光影，透过漏窗撒在地面，在某一时刻，会恰好重叠在地面的图案上，是何等的耐人寻味；晚上漏窗里暗藏其中的灯带，照射出一轮灯光，更是美轮美奂，配以地面的图案，若隐若现，似影非影，虚实之间，是满月的"烙印"，让"月之韵"味道更足，如同将月光引入花园，朦胧而浪漫，堪称完美。

这道景墙成为别墅大门的屏景，有效化解了院墙窗洞外的行人给别墅正大门带来的视觉干扰；一块巨型龟纹石横卧在庭院地面铺装边缘，巧妙连接景墙与绿影如盖的桂花树，以及起伏的草地，同时与庭院西面葡萄架后面的假山遥相呼应，虽是一块起到过渡作用的石景，但在庭院中却是如此生动难忘，其石缝间的植物，你都不敢相信是栽上去的，还是自然长出来的，甚至不敢相信这块高度恰好适合人坐的石头，是否原本就在这里与那棵桂花树相依相偎，还是设计师有意为之呢？

在庭院的西面，紧依围墙而垒砌的假山，因木质葡萄架的遮掩，而引人想一探究竟。

为了有效保障庭院在此能有足够的停留空间，葡萄架下方的亲水平台，占据了整个池面的三分之二的面积，设计师娴熟地运用框景原理，通过葡萄架的柱子框出假山景观，成为一副立体的山水画：石潭与山洞相映、瀑布与悬崖交织、层林与沟壑相随；溪流千转百回，或淌为小溪、或跌水为小泉，或转折于山涧、或隐藏于林间；瀑布在悬崖处，一落千丈，跌入石潭，漫过水草，沿一块挑空石板滑入水池；石与树，缝与草，或疏或密，或高过低、或俯或仰，或退或让，天然生长出一样……傍晚时分，当你融入眼前这光与影，声与形所营造的亦真亦幻的空间时，你甚至感觉到，一丛普通的小草，在侧逆光的掩映中，竟是如此美妙动人。如此精心营造而不露痕迹，在只有1.6m进深空间里，既要叠造假山景观，又要呈现近1m宽的水面而不显憋促。框景在这里的运用，和现场叠山理水的经验发挥，可见设计师的冒险与自信。

假山在水下灯与隐藏的射灯交错掩映下，那种只有在月光下才能呈现出的朦胧而深邃夜景，在这里妙手天成，让人心旷神怡。

葡萄架下的一套户外桌椅，随时恭候着主人，桌上的两盏太阳能桌灯，小巧精致，煞是可爱，随着夜幕的降临，会自动散发出黄色的微光，晃晃闪闪，极像微风中的烛光，在守望中，为主人的回家平添了不少浪漫。

一架铁艺秋千，静立在葡萄架旁，在掩映的茂密竹林边，潺潺流水的假山和主景墙的侧面，围合出窃窃私语的空间。

庭院中植物简洁大气，所有乔木的第一层发枝离地面都较高，无论是常绿的桂花、香泡树，还是落叶的紫玉兰、果石榴，其树冠幅都像伞状，可谓绿荫如盖，在让人在树下行走而不碰头的同时，让庭院的空间在视觉上有一种延伸感；值得称道的是，设计师在这些乔木的树枝上，悬挂了不少盆栽常春藤，高高低低，似藤似萝，在树枝上下悬垂，这一种"空透"便有了不一样的含蓄和趣味；纵观整个庭园，大开大合，在刚柔并济，虚实相随，将"月色满园"的主题逐渐展现，一种难以名状的亲切感从心底慢慢升起……

设计：张奇志（张奇志景观工作室）

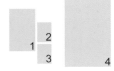

1. 景墙中央"圆日"主题的漏窗是体现花好月圆之意的重要元素。
2. 青蛙石缸水景体现古典之美。
3. 透过漏窗，可看到主人温馨惬意的生活。
4. 推开小门，迎接来访者的是一种别致秀雅的美丽。

1. 自然的小景质朴而清新。
2. 巨型龟纹石与桂花相伴。
3~4. 紧依围墙的假山成为葡萄廊架的"坚实"背景。

part 3

>300m²

　　拥有一座很大很大的花园是很多人的梦想，但是当梦想成真时，面对如此"大尺度"的花园空间，很多时候会突然有种迷茫、紧张——它可包容的东西太多了，到底要安放哪些元素，每一个又要多大，每个节点之间如何衔接……太多问题需要设计师去认真思考。

　　无论最终这个梦想的空间以怎样的姿态亮相，它所拥有的每一个小空间都要满足使用需求，让人们感受园艺让生活更精彩的么妙。绝不能华而不实，否则就真是暴殄天物了。

四季精彩的花园不寂寞

英式花园非常适合喜欢浪漫、高雅的人。为了让这份浪漫更深入人心，设计师选择了丰富的植物材料。当然，为了便于日后打理，这些植物都是秉承好养护的风格。

有机生活让园艺成为生活的一部分，于是，菜园和果园应运而生，它们的出现将人与自然的联系拉得更近。

花园的主人非常喜欢英式花园，想在自己的花园里有形式多样的植物种植，显然这个花园就是以丰富的植物种植为主题了。

如何选择植物能实现在不同季节均有花可观，有景可赏，尤其是在寒冬不会出现萧条和荒凉的景象呢？另外，花园主人没有太多时间料理花园，只能靠养护工人做一些基础维护，所以植物还必须走低养护路线。

设计师贺小姐是植物专家，所以这些要求对她而言难度不大。在她看来，选择植物不仅要考虑品种和习性，也要兼顾花期及色彩。当然，还有一点很重要，那就是如何营造丰富的层次感，从而达到高低错落、起伏有致的效果。基于此，设计师最终选择了大量的中层植物，也就是灌木，来满足花园春夏秋冬始终保持"状态"的要求。不同植物的颜色及花期在丰富层次、构建植物框架的同时，也让植物景观更为丰满，避免上层植物与下层植物之间出现脱节。下层植物的选择固然也很重要，它是灌木与灌木之间的调和剂或者说是柔软剂，它能让整体景观看上去更优美，更柔和。因为它们的特质都是拥有纤细而柔软的植物茎干，在微风的拂动下，让花园更有生机。

于是，近百种植物被巧妙安置在开阔的草坪两边、高大的篱笆内侧、小巧的池塘四周，以及房前屋后，"花园四季圆舞曲"就此成型。

在花园的上层植物梯队中，我们看到了丁香——每年春季，芳香扑鼻的小花挂满枝头，一簇簇一团团，或白色或淡紫色，硕大繁茂的花序引来许多蝴蝶蜜蜂，让走出冬季的院子一下子热闹了许多。

到了夏季，树姿优美、花色艳丽的紫薇又成为主角，深浅不一的粉色丝带也在这个时候逐渐成型，为花园带来热烈喜庆的气氛。

银杏，夏天遮挡恼人的大太阳，秋季披上黄金甲。一片片大小不一的落叶让深秋的黎明更具诗情画意。

蜡梅，很有中国味道的植物，蕴藏其中的古典美是其他花材难以比拟的。质感如蜡的花骨朵，在白雪的映衬下格外醒目，而在此时收获踏雪寻梅的快乐也算是对一年的劳苦最美好的回报啦。

中层植物是构成视觉主体的重要元素，堪称花园景观顶梁柱。春天，株型低矮而丰满的冰雪溲疏绽放白色的星形小花，盛花时节，整个树冠都被白色花朵密被，犹如一个大雪球落在翠绿的草坪上，很是抢眼。远处，头顶酷似小雪球的欧洲荚蒾，与其遥遥相望，很有惺惺相惜的感觉。长势旺盛的彩叶杞柳是用来在春季观赏新叶的，具有乳白和粉红色花斑的新生叶片实在另类，与常规的绿叶有着太大差别。于是，在桃红柳绿的时节，这个别致的花园也多了些许清亮的白色，更显与众不同。

秋季，红瑞木的红色枝条愈发"成熟"，与"金秋"的主题相呼应，又不乏新意。原产欧洲的地中海荚蒾，在10月初便会出现细小的黄绿色花蕾，随着花序的伸长，花蕾越来越密集覆盖于枝顶，颜色也逐步加深呈殷红色，远远望去像一片片红云，飘浮在墨绿色的树冠上，为仲秋和初冬增添暖意和生气。

黄杨球、银姬小蜡、金叶女贞等四季常绿的植被，均衡着花园整年的景致，避免出现某个季节太过"热闹"，某个季节又死气沉沉的现象。银姬小蜡是日本园艺家从小蜡中选育出来的新品种，在保持小蜡原有适应性强的特性同时，还有着亮丽的色彩。圆锥状花序，绽放白色的小花。除了普通栽植，还可修剪成质感细腻的地被色块、绿篱和球形，或蓄养成银绿、乳白色兼而有之的小乔木，与红、黄、绿色叶树种配植形成强烈对比。

缤纷的下层植物是散落在花园中的彩带，正是因为绚丽多彩，才更容易让人瞩目，视线也会因略有起伏的彩线而上下"走动"。春天，花朵硕大的德国鸢尾为花园带来纯白、姜黄、桃红、淡紫、深紫的炫彩；白色、粉色、紫红色、深红色的毛地黄又让花园多了一些可爱；全身长着绒毛的吊钟柳，开着红、紫、白等多色的筒状花，像一个个小喇叭，在传递春的讯息。淡紫色的紫娇花和袖珍木槿与花叶芒讲述着各自的美丽，故事很长，要讲到秋季才能结束。熬人的苦夏，火炬花、蓍草、百子莲、金叶菀、聚合草、绣球又将清爽的白色、黄绿色、浅粉色、淡蓝色引入花园，让焦躁不安的心随着轻松的脚步和不断变化的景致慢慢平静下来，去除喧嚣与浮夸，坦然面对真实的自己。

根据主人的需要，花园还设置了户外客厅和户外餐厅，在满足业主自家使用的同时，更为其招待亲朋好友提供了不少方便。大家坐在一起，喝着现磨的咖啡，欣赏着院子里上演的一幕幕精彩，快活之极。业主希望有块菜园种植自己的绿色蔬菜，有个果园能在秋季看到硕果累累的景象。于是，设计师在后院设置了一个菜园和一个果园。经过辛勤劳动收获的瓜果蔬菜做出的各种料理，感觉比六星级饭店的精品菜肴还要鲜美，开心的感觉甜到心底。

设计：Sarah（上海沙纳花园设计）

1. 草坪外围丰富的植物配置带来丰盈而自然的植栽景观。

2. 开阔的草坪与多样的植栽"内外"结合，既有舒适的活动空间，又有各种小景供人欣赏，令花园生活更充实。

3. 不论是坐在座椅上，还是站在花园中，近百种植物尽收眼底，这种感官享受不一般。

4. 做工精致的圆桌、坐凳呼应英伦气息。

5. 玉簪收边效果好。

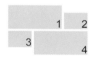

1~2. 户外客厅与餐厅已成为花园生活不可或缺的支撑平台，在这里有着很多温馨与快乐。

3. 规则式花坛——英式花园的重要元素。

4. 高品质的种植箱为栽植提供更多空间，提升景观层次感。

老屋顶上，
那一份难得健康与舒畅

　　既然是商业空间，这座屋顶花园自然有了自己的代名词：现代、大气、简约、时尚、实用。从地面铺装、户外休闲用品的选择、组合，再到植物造景的布置，全部按照上述定义来逐一落实。

　　立体绿化是未来趋势，设计师需要掌握一定建筑、给排水专业知识，这样最终的作品才能既美丽又安全。

　　Sarah公司的办公地点位于上海虹许路一个由老厂房改建的商业区内。既然是以景观设计为主业，自己公司的空间美化自然也要好好处理一番。室内装修做好后，Sarah又将目光集中在办公楼顶——在这里建造一座屋顶花园再适合不过了。

　　既然是一个商业空间，考虑到平时没有太多时间维护，同时又是一个老厂房，承重也不高，因此在设计上采用了简洁大方、容易维护的设计方案。鉴于屋顶不能覆土太深，所有容器都采用花箱形式——花箱可以根据屋顶的钢梁走向设计摆放，日后调整景观以及维修时也方便移动。

　　整个空间设计是室内空间的一个延伸，同时也是会客休闲的好地方，尤其在天气晴朗时，在喧嚣拥挤的都市能拥有一小片绿色空间让你放松身心，与好友喝喝茶，聊聊天，真的是一种奢侈。

　　整个空间是一个非常工整的长方形。原木色防腐木地板铺地，表明区域界线的同时，也让"居室感"更为强烈。在这个户外"客厅"里，一组以黑白为主色调的户外沙发将简约、大气的主旋律完美展现，时尚而沉稳，很有格调。居中的正方形茶几上，大热的肉肉盆栽柔和了四周的硬朗，娇小可人的多肉植物用它们自己的方式演绎着生命的和谐与积极，这种浓缩的"旱景"更符合屋顶的氛围。硕大的帆布遮阳伞弥补了屋顶难以栽种大型树木的缺憾，带来同样的阴凉与舒适——没有了炙烤的痛苦，开敞的环境让空气流通更为顺畅，虽然没有空调房的舒爽，但却有自然的温度、轻柔的微风包围着你，你可以很肯定自己是在以一种很健康的方式生活着。

　　这个休闲区其实更像是一个起点，因为花园中的绿色植物、绚丽的花朵都是从这里延展开来，慢慢渗透到各个角落，细腻而自然，一切都是自然流露。沙发身后，长短不一的水泥板花箱是各种植物的栖息地。由于土层薄和光照充足等原因，所以选择了喜阳同时又相对耐旱的植物品种。

　　浓浓绿意是花园给人的第一感觉，这要感谢一排排繁茂的紫竹。紫色

1.	水泥板花箱种植	9.	水泥板花箱种植	17.	水泥板花箱种植
2.	散铺白色鹅卵石	10.	花盆	18.	紫竹
3.	红陶盆种植松柏	11.	花盆	19.	水泥板花箱种植
4.	红陶盆种植松柏	12.	休闲座椅		
5.	红陶盆种植松柏	13.	户外沙发组		
6.	水泥板花箱种植	14.	水泥板花箱种植		
7.	水泥板花箱种植	15.	水泥板花箱种植		
8.	紫竹	16.	水泥板花箱种植、休闲座椅		

植物配置清单

（由于土层薄和光照充足等原因，所以选择了喜阳同时又相对耐旱的植物）
1:紫竹 2:硫华菊 3:袖珍木槿4:澳洲茶 5:薰衣草 6:金株柏7:乌龙草 8:地中海荚迷9:多肉类等等

的竹竿，青翠的竹叶，形成一个又一个绿色的屏风，既有一定的私密性，又能通风透气，不会有实体屏风的密闭感。坐在"竹林"前的木凳上，闭目养神，耳边是竹叶微微摇动的沙沙声，竹子特有的清香也揉和在风中。"闻香识紫竹"，怎是一个雅字可以概括的呢？

点缀绿色纽带的自然是花花草草。最醒目的当数地中海荚迷。在上海，10月初便可见其长出细小的黄绿色花蕾。随着花序的伸长，花蕾越来越密集覆盖于枝顶，颜色也逐步加深呈殷红色，远远望去像一片片红云，飘浮在墨绿色的树冠上，格外引人注目，为冬日增添了暖意和生气。盛花期在3月中下旬，红云般的花蕾绽放成雪白一片，在春日的百花园里大放光彩。

除此以外，一些小配角也很精彩。花期从春季延续至秋季，盛放金黄色花朵的硫华菊，如粉红色繁星一般的袖珍木槿，株型蓬松的桃红色澳洲茶，香气浓郁的薰衣草，红陶花箱里高挑的金株柏，将不同类型的美丽点缀在各个角落，让你走到每一个地方都能感受到绿色生命的呵护与陪伴。

Sarah说，屋顶花园设计前需考虑承重及防水和排水问题。如果是老房子，承重及防水是需要特别注意的地方。通常老房子的承重都是不高的，所以在设计前应跟物业了解其荷载量。另外，在设计前应注意查看已有防水层是否有破损或老化等现象，以确定是否需要重新做防水，以防日后出现渗水或漏水问题。当然，还要检查排水处是否被堵塞等。如果楼层比较高，在植物配置上也要格外注意——太大的植物不适合高层建筑，因为楼层高风就会特别大，容易被吹倒砸伤路人等。

设计：Sarah（上海沙纳花园设计）

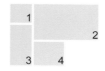

1. 地中海荚蒾花开正艳。
2. 原木色防腐木板铺地，增强区域感。
3. 黑白为主色调的户外沙发迎合简约大气的主旋律。
4. 屋顶花园设计是室内空间的一种延伸。

1. 多肉组合盆栽，"火"到哪里都能见到。
2. 推开办公室的窗户，就能见到室外花园的美景。
3. 繁茂的紫竹带来浓浓绿意与出世的意境。

让爱在花园中慢慢延伸

　　水景设计是这座花园非常亮点的环节，不仅业主喜爱，很多朋友对这个节点都赞不绝口。混凝土结合钢板打造的水渠，既有造型感又保证使用安全。

　　围绕松树设置的座椅，让孩子们可以享受着阴凉去交谈或者翻阅自己喜爱的读本，舒适又安逸，这种感觉让人很沉醉。

　　整个花园是一个U型格局，由于空间的局限性，所以每个构成元素都紧密结合而又不显拥挤。

　　客厅窗外的空间很狭小，难以在此处做大文章。考虑到从室内看出来的视觉效果，设计师将水景的源头设置在客厅窗户的对面。于是，不论晴天、雨天，隔着玻璃窗你就能欣赏到涌泉的动态美—— 一股股"清泉"忙不迭地从"地下"冒出来，沿着水渠一直流向侧院的休息平台，因地势变化而起起落落，一气呵成没有停顿。这条纽带也将"两岸"的花花草草和各个空间联系起来，更有画面感——蓝色的百子莲、浅紫色的紫娇花，身材高挑，清新亮丽；淡紫红色的白芨，让荫蔽的角落有了活力；冰雪溲梳，初夏白花满树，洁净素雅，还可瓶插；乳白色的欧洲荚迷，从夏季到冬季陆续长出鲜红色的小核果，晶莹剔透，久挂不落，惹人喜爱。

　　蜿蜒的水渠采用混凝土结合钢板的形式，直接与休息平台边的环形池塘贯通。别具匠心的处理手法是花园最具创意的地方，很有欧美范儿。整个休息平台因而成为一个被水半环绕的"小岛"。不过这个小岛可不寂寞，池塘外围用钢板搭建了一个半圆型蔬菜种植盒，既节省了空间，也丰富了花园景致，让家里的老老少少都有机会感受"迷你农耕"的快乐与成就。收获时节，站在平台上伸手就能摘到各种新鲜的瓜果蔬菜。然后拿到平台另一侧的操作台进行清洗和烧烤等，就变成一顿营养丰富的有机大餐。

　　业主家有小孩，所以池塘深度只有30cm，既有景观效果，小孩子还能将其当作嬉水池嬉戏，非常安全。除了亲水乐趣，在这个花园里还有一个专为小孩子准备的"乐园"——在原有的一棵大雪松下方设计了一个可供多个孩子玩耍的座椅，让人不由得想起树荫浓密的森林公园。四周留有足够的空间供孩子奔跑和嬉戏，大人坐在休息平台娱乐时还能照看到孩子的安全，让宝贝一直在自己的视线范围内活动。座椅前方有个异形小花池，里面栽满绣球，淡雅的蓝色送来一股清凉。

　　自然的种植方式结合一些现代元素让整个花园在喧嚣的都市中显得不再那么浮躁，给生活注入轻松愉悦的小调调。花灌木是花园的种植主体，考虑到业主是第一次大面积养花养草，就选择了一些好维护的植物。高维护的草坪也用沙砾代替。当然大面积的沙砾比较单调，于是在沙砾的中心地带和边缘处就出现了一些匍匐类植物加以装饰。沙砾地面的透水性也给整个花园减轻了排水压力，如果某一天对花园产生了审美疲劳，沙砾也容易换掉或在花园里用作他途，环保又经济。

设计：Sarah（上海沙纳花园设计）

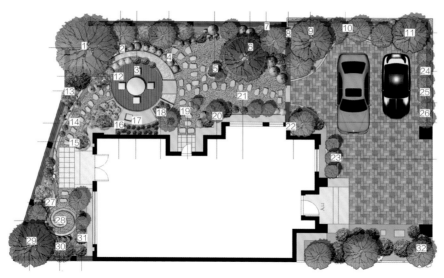

1. 原有大树	12. 防腐木休息平台	23. 植物种植
2. 订制钢板花箱	13. 植物种植	24. 植物种植
3. 户外桌椅	14. 黄文木汀步	25. 木篱笆
4. 订制钢板花箱	15. 植物种植	26. 植物种植
5. 小型种植岛	16. 水泥种植	27. 现浇水泥种植池
6. 雪松休息座椅	17. 操作台	28. 水景
7. 木质围栏	18. 水泥种植	29. 大树移植
8. 木质围栏	19. 黄木纹汀步	30. 水泥池种植
9. 原有大树	20. 植物种植	31. 植物种植
10. 木质围栏	21. 红色沙砾	32. 植物种植
11. 原有大树	22. 植物种植	

植物配置

1. 百子莲 2. 白芨 3. 冰雪溲疏 4. 厚皮香 5. 斐油果 6. 无尽夏绣球 7. 松果菊 8. 紫荆 9. 丁香 10.欧洲荚迷 11.紫娇花等

地栽、规则式花箱、弧形种植箱，其实仅一个植物种植就可以有很多花样。

1. 旋涡式水系强化了流水的线条感。

2. 即便是边缘也不能马虎，植栽种植也应到位。

3. 水槽与种植床完美契合，这很考验施工队技术。

	2	
1		
3	4	
		5

1. 树下围着座椅，城市园林的做法也适合花园建造。

2. 有花才有小情趣。

3. 户外厨房操作台也是储物柜。

4. 从门口就要体现连绵的植物"彩带"。

5. 休闲区功能齐全，在软装方面也要力求与室内家居生活相切合，提升舒适感。

心灵栖息的灿烂空间

混搭在圈子里很常见，但是我一直认为，这种策略也要讲求"天时地利人和"，否则就会做得不伦不类。

结合空间、地势的特点，我们借助植物和小品、软装材料，将多种风格注入，并逐渐过渡，自然流畅，不觉生硬。

在上海闵行区浦江镇翡翠别墅，有一座总面积600m²的花园。在这座将现代西方建筑包围的U型花园里，你会深切感受到"中西合璧"的别致与独特。年轻业主的个性化追求，为花园的个性化设计按下了"按钮"。难得的默契和共同志向，让业主与设计师在合作中格外默契。这份舒畅与开心，让花园设计师至今还有些小激动。

利用U型空间格局和地势高差显著的优势，设计师将多种风格带入花园。于是，步移景异间的一个个惊喜令人久久难忘。与此同时，尽管不同区域演绎不同的风情，但是因为与建筑设计相融合，却又让人感觉眼中的一切都是那么和谐自然。

在花园入口，简约的现代中式风情已经非常明显。门外混凝土高台上的"盆景"，有松，有石；高台下和路边绿地内，沙生植物与景天植物又略带"洋味儿"。如此标志性景致，相信前来探访的友人一定不会迷路。一墙之隔的入口区，路边灰色的砂砾、山石与零星的几丛兰草、几竿金镶玉竹相互点缀。一端的造型跌水以锈迹斑斑的铜塑造，是现代欧美风情的缩影。当然，中国风在这里也有所体现——精心修剪的罗汉松立于出水口后方的"山坡"上。于是，当你看到这一幕会情不自禁地想到高山流水，又或是山水画中经常出现的"明月松间照"。

旱景区是沙生植物、多肉植物、景天植物、观赏草、龙血树的天堂，个性的外形、独特的颜色将沙漠风情巧妙展示。园路边栽种的一片鸢尾将这里的平静打破，玫红色的花瓣在微风中轻轻摇摆，热烈而生动。

中庭区是整座花园最具禅意的地方。设计师认为，在最简单的场景中才能展现最纯净的美。正因为如此，这座小小的中庭才可以有令人心动的感觉。

当你手捧香茗站在客厅明亮的落地窗前，或是守着一份健康早餐，在餐厅里与家人讨论着刚刚结束的"美梦"，又或是在钢琴室里一遍遍弹奏着心爱的名曲，每一次不经意地向外望去，你都能欣赏到那种最纯粹的美丽——在素雅与宁静之中，流露出一丝丝超脱。

每一块来自远山的山石，每一寸演绎原生态的苔藓，每一株极富禅意的蕨类植物，无不凝聚设计者对花园的那份执着之爱。一粒粒细细的白色砂砾铺陈在黄土之上，砂砾与苔藓、山石、青竹以最轻柔的方式"共生"——凹凸有致的曲线让每一个元素的边界清晰又富有艺术气息，如同深林里那场正在融化的冬雪，抹去了浮尘，呈现着本真。身处于这个浓缩自然之美的空间里，你是否又会有如此感叹：世已沧田，心未沧海！

南面花园体现亚热带风情，植物种类丰富，适合朋友小聚或举行烧烤等活动。火炉区是这里的亮点。铜包的火盆是绝对的主角，弧形花坛也发挥座椅的"职能"，方便人们一边烧烤一边享用美食。花坛里，大红色的千层金、紫红色的朱蕉十分抢眼，异域风情也因而被烘托。红千层红色的花絮犹如一个个小火把，与中央的火炉相呼应。几丛迷迭香送来清香，也丰富着餐盘内的食材。一棵蓝莓繁茂生长，蓝色的小果子挂满枝头，十分诱人。火炉旁，蓝色的异形休闲桌椅造型简约，方便实用，还节省空间，深受业主喜爱。漂亮的海蓝色与四周的花草树木形成强烈反差。不知道这一滴"地中海之水"能否浇灭炎炎夏季的燥热？

花园有两个廊架区，一个在侧院，走现代简洁路线——简单的桌摆，让品茶闲聊或下午茶小聚拥有更多空间，角落里高低错落的装饰蜡烛精致而高雅；另一个在后院，更具中式韵味——折角的廊架设置与户外空间自然衔接，起伏坡地上的高山杜鹃、景天植物、苔藓带来悠悠禅意，掩藏在苔藓绿地中的喷雾设施平衡着环境湿度。总之，这个安静的角落不论是一个人静思，还是与三两好友倾诉，都是绝佳的地点。

从前院到后院大约有200m路程，于是一组跌水成为连接空间的要素，也让锦鲤有了舒适的生活空间，更为花园增添灵动之美。或圆形或长条形的水槽，依着地势在转折间将清凉的流水送到花园深处。水池边，杜鹃、绣球开着或粉色或蓝色或多色的花朵，生机勃勃，风情万种，绚丽无边。最后，高低错落的黄杨球和整齐的法国冬青绿篱以高调的素雅为潺潺流水划上完美的句号。

品茶，闻花香，赏花，听鸟鸣，享受喧嚣中的宁静，繁华中的淡雅……在现今钢筋混凝土铸成的生活环境里，急促繁杂的生活节奏中，设计师尝试重拾传统精神，并将其融入自然的生活方式。"用西方语言和方法，点缀传统中式花园里最为常见的景观石、松、竹、兰等元素，打造出现代的小桥流水、亭台楼阁似的景致，是这座花园的设计主题。我们希望业主和家人在与花园的亲密接触中，能够感知四季的分明，享受成功的收获，在鸟语花香中与自然对话。花园里有他们生活的情趣，拥有一切的记忆，使人忘却辛劳，愉悦身心，尽情享受现代人的禅意生活。"

设计：Sarah（上海沙纳花园设计）

1	
	2
3	4

1. 后院配上景天、苔藓带来悠悠禅意。

2. 即便花色淡雅，也难掩绣球的高贵。

3. 后院休息区即可满足独自冥想，也是三两好友小聚的快乐之所。

4. 疏朗的格局中间有一片片植被，让空间不乏情调。

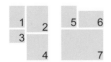

1. 是否感受到"框景"的巧妙。

2. 午后小酌，别有情趣。

3. 软装简洁，呼应该节点风格。

4. 位于后院的廊架区，极具中式韵味。

5~7. 中庭演绎的日式枯山水的幽远与高雅，石与苔藓、松、竹的精致组合让这种深幽感更经得起推敲。

1. 南面花园体现亚热带风情。

2. 纵情生长的植被也很有"热情"。

3. 蓝色马形休闲桌椅，不论色调还是外型都很抢镜。

4. 户外火炉已成为时尚"单品"，而花池也方便人们围坐于此烧烤美食。

1		
2	3	4
	5	6

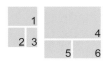

1. 景天科植物姿态别致，与山石自然融合。

2. 跌水贯穿前院后院，增添灵动之美。

3. 精细修剪从细节上提升景观品质。

4. 入口区道路两侧景观相互呼应，如一扇"小门"引人走进花园一探究竟。

5. 有松有石，这座"盆景"为入口增韵提气。

6. 造型跌水由锈迹斑斑的铜塑造而成。

1~3. 旱景区巧妙展示沙漠风情，因此满眼都是龙血树、沙生植物、景天科植物营造的异域景致。

4. 坐在这里闲读，累了还有"沙漠风光"来养眼，很有个性。

收获美丽与成熟的
醉人居所

1400m² 的花园将住宅包围其间，设计师将这个巨大的"花环"分成两部分——略显规整的前院和充满生活情趣的后院。

后院坡地的环境条件给水景的营造创造了便利，也让种植区更有自然韵味底子——高大的杨树、青翠的草地、清晰的花木，让些许野趣"走"向院落。

花园由前后院组成，前院走的是"严肃"路线：开阔平整的大理石地铺，与房屋首层门前两株姿态优雅的玉兰带来大气华贵的格调。弧形壁泉是这里最为灵动的元素——浅黄色的砂岩细腻精致，一串串"珍珠"从高处"垂"下，水滴落在大小不一的卵石上，溅起一两朵水花，清脆的水声打破了大空间的死寂，上演着"水滴石穿"的坚毅和不朽。

"这里之前可不是这样儿，变化非常大。"据美女设计师侯小姐介绍，原来的院墙是锈板碎拼，虽然很有个性，但是不合业主的"口味"。加之，围墙拐弯抹角太多，过于凌乱，别墅车库又恰好在前院，于是，便将前院设计成平整的铺装，方便进出车；配种造型优美的玉兰，与建筑相呼应；就着院墙弧度制作水幕墙，利用壁泉为前院增加动感，并使之成为视觉焦点。

初秋，略带凉意，却也是迎接收获的时候。所以，在田园风格的后花园，看到更多的是让人垂涎欲滴的果实，红红绿绿黄黄，引诱着路过之人去关注。想象着放入口中，那唇齿间的香甜以及久久回味的甘甜，无比美妙。

正方形凉棚是引领人进入后花园的标志：木制秋千座椅质朴舒适，爬满紫藤、葡萄、丝瓜的廊架是躲避骄阳的天然屏障，四周金黄色的菊花与粉色的月季、蓝色的薰衣草愉悦着人们的视觉和嗅觉，北海道黄杨树篱让私密性得到很好的保护，抬头向前望去就是满园秋色和远处的山山水水，紧张的心瞬间得到了释放。

推开白色的木门，蜿蜒的小径两侧是高高低低、绚丽多彩的植物。丛生紫薇组成的花篱顶着一簇簇玫红色的花朵，在微风中轻轻摇摆，下方的射干有的还开着橘黄色的大花，有的已经"修成正果"；鸢尾硕大的绿叶很有质感，白色的玉簪、金色的金鸡菊、粉色的荆芥、多彩的荷兰菊编织成耀眼而雅致的花带，一直延伸至花园深处。紧挨着工具房有一株高大的枣树已是硕果累累，看树干粗度年头应该不短了。又红又大的枣子在风中摇摇晃晃，真希望能够掉下来几个尝尝鲜。

小径到了工具房向北侧转了个方向，眼前又是一片新天地。右手边是起伏的小地形——牡丹园，多彩的牡丹正在等待下一个"演出季"。小地形下面藏着酒窖，因为酒窖上面的覆土达不到种植深度，所以这里被设计师做成了地形，一方面地势上有个起伏，景致有些变化，种植问题也迎刃而解。

　　左手边大片草坪成为枣树、樱桃、石榴、山楂、海棠等不同果树的"营地"，花期很长的藤本月季将铁艺围栏巧妙装饰，各种姿态的五角枫也被用来担当花园外缘，四五株樱花错落栽种在小径与凉亭的交界处。春天里，落英缤纷的美景让人既满足又感动。亭下，一片片沿阶草、黑心菊以及花池中多年生的薰衣草又让田园自然的韵味更加浓郁。坐在亭内，由近及远都是赏不尽风景——园内耀眼的红枫红得热烈，高大的蒙古栎正在默默地酝酿着炫丽的"蜕变"；园外天然大湖里连片的芦苇，像绿色的大浪在风中起伏，波光粼粼的湖面上几只天鹅"闲庭信步"，淡定地享受着周遭的一切；更远处，半山上的别墅掩映在绿林中……每个角度都是一幅动人的自然山水画。身处其间，想浮躁都实在很难，大自然以它特有的魔力让你心甘情愿放下一切杂念，尽情享受这难得的一份宁静与质朴。

　　小径在凉亭东北侧又一次转弯，绕道别墅的北侧。这里是一个长条状空间，木槿花篱在路旁一字排开，对面的山楂挂着绿色的小果子，再过些时候，等它们变大变红，又将为花园增添一抹"美味"的野趣。

　　再往前走，就是生活区，一个很实用的空间。花架是为黄瓜、南瓜、丝瓜攀爬而设立的。花架下，开敞式户外厨房是这里乃至整个花园的亮点。由于花架下方空间面积大，业主家又临湖，房屋还有一个出口在这里，于是设计师就将常规倚墙而建的烧烤台改成开敞式，酷似吧台的模式将互动性大大提升。于是，烧烤台内外的人能一起动手制作美食，享用美味的同时也能欣赏外面秀丽的风光，一举多得。"笨拙"的灶台是烹饪美味的实用"装备"，原始的造型透着亲切，让人不由得想起远方僻静的小山村。用它加工出来的鱼和肉，味道就是地道，没少让业主露脸，每每聚餐使用率都很高。

　　别墅自带的平台面积也不小，高档的仿藤户外座椅放置在平台上，让业主能更舒适地欣赏花园以及红螺湖的自然风光。平台原先是木质的，后来被设计师改成了大理石材质，更显大气。廊柱上、地窗前，一棵棵紫藤伸展着嫩绿的枝蔓，沿着支撑物努力地向上攀爬，不难想象，平台很快就会因它们的存在变得更有生机，更加美丽。

设计：于　洋（北京和平之礼景观设计事务所）

1. 房前规则的长方形小花池。
2. 前院水景。
3. 花园前院风格比较"严肃"，也可以看作是后院的一
个"铺垫"。

4. 近自然风格水池与清新的庭院风格相契合。

5. 水池边，古朴的石桌石凳成就一个小型休闲区。

6. 沙坑、草坪，这里有足够的活动空间让孩子释放天性。

1 2
3

1. 只需一个盆栽，就让"山间小溪"多了几许芬芳。

2. 石磨水景别出心裁。

3. 借地势特点修筑的台阶，将人们引导至另一个休闲区。

4. 台地菜园，欣赏菜园美丽的新境界。

5. 植物、山石、水磨紧拥的布置让田园韵味浓郁。

6. 遮阳伞将休闲区界定。

1. 质朴的烧烤台方便又实用。

2~3. 角落中，水缸、废旧坐便器也成了塑造个性小景的利器。

4. 可爱的工具房，让花园更整洁。

简欧风格的多彩花园

东庭水景区与休闲平台相互"凝望"，水池边掩映在花丛中的佛像与平台上坐在休闲沙发中的人都是花园的风景。

北庭休闲区的功能因长廊、开阔的平地而更加突显，在这里，翠竹绿树红花是配菜，是让身心更舒畅的"精灵"。

花园里的摆设很多是业主的收藏，这让花园"个性"更鲜明。

花园，让快节奏的都市生活更有情趣。在北京顺义区温榆河北岸的优山美地别墅区，热爱园艺、石雕的业主将喜好融入花园，花园因此更加别致，富有格调。一草一木，一池一物都成为表露个性的舞台。

在这个主打现代简欧风格的私人庭院里，不仅景色清新、宜人，合理的区域划分也让近400m²的空间实现功能最大化。在别墅主入口两侧，各摆放一个颇有年代感的石墩。岁月在这两个老物件上也留下不少痕迹，一部分荷花、人物等浮雕已经有些模糊，但能够感受到最初的精雕细琢。石墩上，盆栽的天竺葵顶着粉色的大花球，喜气盈盈地欢迎着每一位亲朋好友的到来。入口平台右侧草坪内，篮球架就清楚明了地告诉人们：这里就是休闲运动区

踏着嵌入草坪的水泥石板，步入花园的"迎宾区"。低矮的黄杨绿篱中矗立着一个锥形大花钵，同样栽种着粉色的天竺葵。造型现代的花钵与别墅入口古色古香的石墩遥相呼应。粉红色的月季"站"成一排，在绿意浓浓的大背景下格外醒目。白色的拱形小门与宅院建筑白色窗框等欧式元素协调一致，体现高贵气质。

进入小门，便是"花径赏芳"区。几株高挑的玉兰强化纵向空间感。园路两侧绿地中，宿根花卉、乡土地被、芳香植物、灌木、小乔木丰富空间层次，并将人们引入东庭。月季、美国薄荷、松果菊、鸢尾、景天、紫花鼠尾草、黑心菊、锦带、蓍草、百里香、婆婆纳编织成一条条别致的花带。花带缝隙间，古朴的石雕狮子、素雅的蓝花瓷瓶、可爱的天使石雕让花带变得更有情致。植物无法遮挡的地面，用一块块褐色的松树皮覆盖。

继续前行，就是花园的东庭水景区，又名"佛憩莲岸"。这片近20m²的自然式水景是花园最有生气的地方。一块块山石围合成水池的外延，树池外侧与桧柏绿篱的缝隙成为石竹等乡土花卉的栖息地。颇为有趣的是，其中一块外形犹如鲤鱼的石块经过加工，成为一个喷泉，喷出弧形水柱。水池南侧，掩映在一丛花草间是一尊石佛，他气定神闲，面露微笑，静静地欣赏着眼前的一切，护佑着这一方水土。池中，盆栽的荷花、千屈菜、菖蒲、水葱、睡莲、旱伞草、再力花布置在各个角落。微微泛起的波澜间，几条锦鲤正在游嬉。

正对水景的休闲平台是欣赏美景的最佳场地。简单摆放几件深咖啡色休闲沙发、座椅，留下更充足的空间供人活动。平台下方还暗藏射灯，华灯初上，柔和的灯光投射在水池四周，为夜晚散步提供更加安全的环境。

北庭是以休闲功能为主的活动区域。每逢周末假日都会有不少朋友来做客，因此需要一个较宽敞的空间与舒适的户外家具。所以，设计师设置了面积约为18m²的木廊与砂岩铺地，

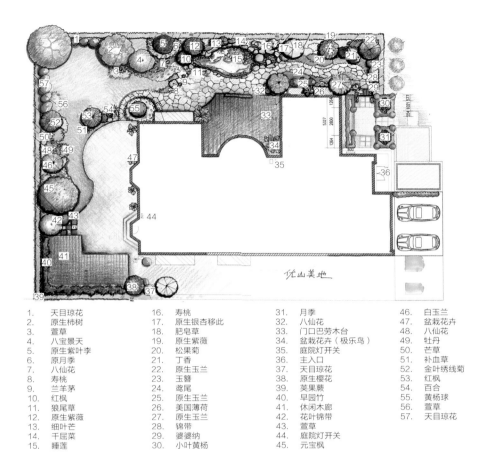

优山美地

1. 天目琼花	16. 寿桃	31. 月季	46. 白玉兰
2. 原生柿树	17. 原生银杏移此	32. 八仙花	47. 盆栽花卉
3. 萱草	18. 肥皂草	33. 门口巴劳木台	48. 八仙花
4. 八宝景天	19. 原生紫薇	34. 盆栽花卉（极乐鸟）	49. 牡丹
5. 原生紫叶李	20. 松果菊	35. 庭院灯开关	50. 芒草
6. 原月季	21. 丁香	36. 主入口	51. 补血草
7. 八仙花	22. 原生玉兰	37. 天目琼花	52. 金叶绣线菊
8. 寿桃	23. 玉簪	38. 原生樱花	53. 红枫
9. 兰羊茅	24. 鸢尾	39. 荚果蕨	54. 百合
10. 红枫	25. 原生玉兰	40. 早园竹	55. 黄杨球
11. 狼尾草	26. 美国薄荷	41. 休闲木廊	56. 萱草
12. 原生紫薇	27. 美国玉兰	42. 花叶锦带	57. 天目琼花
13. 细叶芒	28. 锦带	43. 萱草	
14. 千屈菜	29. 婆婆纳	44. 庭院灯开关	
15. 睡莲	30. 小叶黄杨	45. 元宝枫	

在高低、大小、空间上相互呼应。休闲区原本的板岩铺地换成米黄色砂岩斜角拼铺。砂岩自然的石纹肌理是其他石材品种无法比拟的，虽然价格偏高，石质较软，考虑居家的实际使用情形及业主喜好，最终选定此类石材。石纹和斜角的铺装方式加上柔和的S形边缘处理，避免大面积铺地的单一感觉。

　　大片规整的绿地将北庭与东庭连接起来。紫薇、紫叶李、海棠、石榴、柿子、日本红枫以及保留下来的一株大型悬铃木形成高低错落的绿色帷帐，在观花、观叶、观果方面互为补充，让花园一年四季没有"空窗期"。中层的黄杨、锦带、八仙花、狼尾草以及桔梗、石碱花、萱草、鸢尾等宿根花卉呈现活泼、充盈、丰富的视觉效果。绿油油的草坪，透着柔软、厚实。对于家里的孩子而言，这里是嬉戏的天堂。悬铃木下，支起秋千或跳床，可以开心地玩耍一天，好不畅快。靠近木廊处栽种着一丛株型蓬松的山桃草，纤细的枝条上开满白色的小花。设计师说，这是一种多年生草本植物，花开晚春至初秋，非常有野趣。这个植物还有一个别名叫千鸟花，一朵朵白色的花朵很像一只小鸟在花丛中飞舞。

　　L形木廊是花园最重要的园建设施，因为西侧、北侧邻居花园的亭子及建筑在观赏视觉上造成干扰，故设计师将木廊置于花园西北角。木廊外侧栽种一排青竹，两者完美结合，在分割空间的同时，也大大提高了花园私密性。烧烤炉放置在木廊一角，自助烧烤可是每次聚会的必选节目。木廊和休闲平台带来非常开阔的活动空间，宽大的餐桌能够摆放很多烹饪材料和食材，每一个人都能充分享受到花园生活带来的惬意。

设计：于　洋（北京和平之礼景观设计事务所）

1. 花园"迎宾区"水泥石板嵌入。

2. 高尚的拱门自成一景，也可用于悬挂垂吊盆栽，简约且实用。

3. 石礅古朴而沧桑，在现代建筑风格的反衬下十分醒目。

4. 简单的"旱景"植物与后方的花卉对比鲜明。

5. 沿路前行到达水景区。

6. 东庭水景区又名"佛憩莲岸"，自然山石围合的水池内栽种多种水生植物，一尊石佛掩映在花草间。

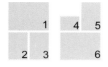

1. 水池对面的弧形木质休闲平台让女主人临摹有了绝佳地点。

2~3. 小品与花卉巧搭配，小小情趣悄然流露。

4~5. 佛甲草替代草坪，与地砖、地被植物组成多彩地面景观。

6. L型木廊有青竹围合，前方开阔空间适合多人使用，一旁蓬松的山桃草让该区域不显单调和呆板。

生活因你而精彩

　　入口区，一组跌水景观将轻松欢快的情绪带给每一个来到花园的人。在花木的簇拥下，灵动的水也多了一份柔美。

　　草坪区是一个很有爱的空间，在为人母之后，设计师更能理解父母希望孩子快乐的那份迫切，以及希望能获得更多亲子时光的那份紧张，小足球场，荡秋千，它们让这些小梦想得以成真。

　　结合建筑风格、居住者的生活习惯以及他们对于花园的理解，将花园的使用功能与空间划分完美的结合。使整个花园的空间得到充分的利用，并且很好地依附于建筑，使建筑与花园形成一个整体，室内与室外相呼应。

　　按空间关系可以将花园分为入口景观区、主休闲区、花架区、草坪区、蔬菜种植区。

　　入口景观区：一组自然的花境作为入户空间的障景，欲藏先露的设计手法，一方面强调了入口花园的气氛；另一方面不让入户门完整地暴露在外。入口的东侧首先用花池作了围合，然后通过两个踏步到达入口的木铺休闲区。客厅对面是一组自然的植物景观，它不仅作为阻挡围墙外视线的屏障，同时也使木铺休闲区有良好的围合空间，会给人以被植物拥抱的感觉。入口的西侧是一组植物与水景结合的空间，它不仅修缮了邻居家围墙带来的压抑感，同时也给入口木铺休闲区的业主以视觉上的享受，满足了他们对水景的青睐。

　　主休闲区：从室内的厨房走楼梯下来便进入了花园的主休闲区，这块区域距离建筑最近，也是从室内进入花园的主要通道，而且距离邻居家的视线稍远，把这里作为主休闲区，一方面是使用方便，另一方面避开了邻居的视线，较为安静与私密。

　　花架区：一个5m长，3.5m宽的花架足够一家人的使用。花架柱采用自然石饰面做的柱墩与木柱结合的形式，凸显出花架的厚重感，丰富整个花园的立体感。花架下放置了烧烤台，家人可在这里享受烧烤的乐趣。花架上爬满植物，既遮挡邻居的视线，又是夏天乘凉纳荫的好去处。

草坪区：草坪是孩子最喜欢去的地方，奔跑在草坪上，或是荡秋千，或是看看挂在树上小鸟房子，这是一个多么美好的夏天。草坪区位于花园的东北角，厚厚的植物群落，为草坪周围勾勒一个高低错落的花园林冠线，同时它紧邻花架区，大人和孩子在花园里都能各得其乐，各享其所。

蔬菜种植区：蔬菜种植是老人的爱好，同时蔬菜的生长也能让孩子亲身体会植物生长的过程。因此将蔬菜种植放在了主休闲区的西侧，四周用编织的柳条作围栏，既避免了小动物的破坏，又显得美观、整洁。老人一出厨房就能看到蔬菜的生长情况，同时瓜果的香味与丰收的喜悦定会给人带来生活上享受。

花园的植物种植多以自然花境为主，乔、灌、草相结合，满足花园三季有花，四季常绿的效果。

花园的照明分为常规照明与景观照明两种，在满足常规照明的情况下，增加景观的照明，烘托花园的夜间气氛。

设计师：杨姿倩（北京和平之礼景观设计事务所）

1. 入口木铺休闲区是欣赏水景的最佳视角。

2. 木阶梯旁是美丽的花境。

3. 花园入口区，一组跌水与多样的植物群落成就清新的景致，欢迎着每一位来访者。

4. 小径通向后院，路两侧自然是各种植物显露"身手"的好地方。

5. 跃跃欲试的小鸭小品与睡莲巧妙呼应。

1	2	
		4
3		

1~2. 烧烤台也布置得很有生活气息。

3. 花架区满足一家人的使用，规模适中。

4. 草坪是孩子最喜爱的地方，这里也是感受亲子快乐的好地方。当然，后区植栽也不是简单的陪衬，同样演绎自然清新风格。

细致入微的混搭式美院

入口区6m长的光影长廊让这段短暂的步行充满乐趣，斑驳的光影极富诗意，断断续续，深浅不一，就如同人生，有高潮有低谷，暗藏玄机。

紧邻池塘的休闲区与景亭遥相呼应，一低一高，共享这池碧水的清凉和惬意。

"曲径通幽处，禅房花木深"。中式园林崇尚意境，又妙在含蓄。如果你对这种师法自然的风格很是倾心，但又希望花园里能多一些时尚元素满足现代生活需求，这个位于北京大兴富力丹麦小镇的私家花园一定能给你一些启发。

整个花园设计可谓煞费苦心，既要结合建筑立面、室内装饰、周边环境风格，又要考虑居住者的情况以及他们的喜好，设计师在反复斟酌后，最终将花园设计成具有中国园林情结且符合建筑特色的混合式花园。整个花园规划通过空间变化，让每一位"使用者"都能体会到中式园林强调的"步移景异"所带来的乐趣。曲折而流畅的游园路将空间连成一个整体——入口景观区、客厅外小休闲区、主休闲区、景亭休闲区、餐厅外意境小景区、疏林草地区、下沉庭院区、蔬菜种植区，每一个分区各具特色又和谐统一，意在打造自然、舒适且富有艺术气息的花园生活。

入口景观区　从入口进入花园，首先映入眼帘的是一条长6m的光影长廊。之所以称之为光影长廊，是因为它不仅有空间延伸的感觉，在阳光的照射下还会给人带来不一样的视觉体验——光与影的关系自然而奇妙，人们的视觉感受也因此而丰富起来，更有趣味。如果你也喜欢被暖阳拥抱的感觉，可以不用在长廊两侧栽种太多攀爬植物。根据不同的季节和节日，悬挂一些精美的吊饰，不仅能活跃气氛，也不会让明媚的阳光打折。入口的西北角是一堵斜墙，在这里，质朴石头和几丛植物营造出一处宁静的意趣小景，入口区的观赏性因此大大提升。弯弯曲曲的小路与两侧高低错落的花草树木，形成一高一低两条"红线"，引领着我们探寻"庭院深深深几许"的绝妙。

客厅外小休闲区　该区域具有双关的作用，既是主休闲区的过渡空间，也是花园转角的停留区。这里同样是一个静谧的小环境，翠竹与高矮不等的观花乔灌木相互掩映，于是，这里便成为私聊、独处的最佳场地。一面留有六边形漏窗的格栅墙，使得主休闲区与小休闲区的界限更加分明，它也让花园"内容"不会过于暴露，通过漏窗你还能隐约看到婆娑的植物，可谓一举多得，构思巧妙。

主休闲区　从位于住宅一层的餐厅走出来就是主休闲区，这里是整个花园最好的观景空间。由于业主对中式园林有着很深的情结，设计师便在花园东南角规划了一处自然式跌水。其源头位于花园东南角，且被一丛丛绿植遮掩，因此你很难找到水源，感觉这淙淙细流是从花园外的自然水系分流而来。智者乐水，仁者乐山。正因为有了这方有石有水的小池，主休闲区多了一重中式古典意境。在这里，你可以独自感受体验临水、亲水的快乐，也可以一家人围在一起聊聊家常，或邀上三五好友小聚一下。水池中，几尾锦鲤悠然自得地游来游去，蒲苇、千屈菜、睡莲等水生植物在丰富空间层次的同时，也给鱼儿提供了嬉戏的"玩具"，水的静与鱼儿的动环绕在会客区的周围，闲时看那花开花落，鱼儿在水中穿梭，是何等的惬意。

景亭休闲区　古朴典雅的景庭位于水池边，坐在亭子里，没有风雨骄阳的侵扰，能够更加专心的欣赏四周美景，聆听小鱼窃窃私语。当然，它也是整个花园的视觉焦点。景亭所处地段的地势被抬高了一些，"坐得高看得远"，所以坐在景亭里也可以看到院外的景致，达到借院外景观为业主所享的效果。景亭与主休闲区通过一条折线木栈道相连，无形间也将主休闲区的"地盘"扩大了。

餐厅外意境小景区　餐厅是室外观赏花园的最佳地点，在窗户外设置一组小景作为从餐厅观赏花园的近景。竹子、观花灌木、宿根花卉、芳香植物……四季变化的植物小景让这个冷清的地方活跃起来。在这样一个透景线上，有近景、中景和远景，花园层次得到了丰富。

疏林草坪区　该区域是为了营造自然景观中树林草地的感觉而建造的，疏密有致的植物搭配与自然起伏的地形，不仅可以屏蔽邻居家的视线，还能满足业主对植物景观多样性的需求。

蔬菜种植区　东北角空调机放置的位置设置为蔬菜种植区，位置比较隐蔽，同时位于老人房外部，喜欢种菜的老人可以随时观察蔬菜生长情况，打理他心爱的农作物。

下沉庭院区　这里是业主搭建的阳光房，温暖的小环境成为秋冬季节花草们躲避"寒流"的安乐窝。在这里设置了业主需要的储物柜，还搭配了或观花或观叶或观果的盆栽植物，大大小小，精致而富有活力。

花园铺装以灰、白、米色及木色为基调，不同的铺装样式界定了空间区域的划分，同时也为业主在花园里悠然散步创造了条件。灯光照明分为景观照明和使用照明，在解决基础照明的原则上，灯具也为花园夜景效果加分，不同造型灯具出现在不同的地方，水中、植物丛中、景亭立柱上、操作台里面等，发挥各自"职能"。

设计师：杨姿倩（北京和平之礼景观设计事务所）

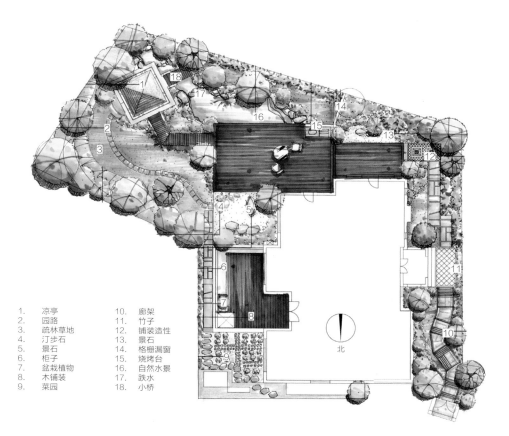

1. 凉亭
2. 园路
3. 疏林草地
4. 汀步石
5. 景石
6. 柜子
7. 盆栽植物
8. 木铺装
9. 菜园
10. 廊架
11. 竹子
12. 铺装造性
13. 景石
14. 格栅漏窗
15. 烧烤台
16. 自然水景
17. 跌水
18. 小桥

北

1

2 3 4

1. 长6m的光影长廊强化空间延续感,光影交错的趣味也蕴藏其中。
2. 花架旁设置烧烤台让使用更便捷。
3. 客厅外小休闲区既是主休闲区的过渡空间,也是花园转角的停留区。
4. 即使是角落,多样的植栽也是有必要的,切忌有"死角"。

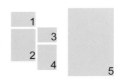

1~2. 景庭休闲区是花园的核心休闲区，抬高处理的古朴庭与水池相邻，与草坪为伴，是绝佳的"观景区"。
3. 在休闲区享受欢聚的愉悦，甜蜜的相处，这才是花园生活的重要内容。
4. 小桥的木拱桥演绎中式小风趣。
5. 凭栏而望，花园美景尽收眼底。

以自然的方式串起时光

轻松舒适是这座花园想最终表达的感受，所以在绝大部分空间处理上，都以低矮植被作为主体，而佛甲草草坪的表现又让花园多了一份节能环保的职责。

北海道黄杨制作的绿篱实现了良好私密性，四季常绿的特点也让冬季花园景观有所保存。

这座占地近300m²的花园位于北京顺义的欧陆苑小区，与美式建筑相对应的是由或观花、或观果、或赏株型的各色植物与烧烤炉、休闲平台、花廊架，以及休闲家具组成的舒适氛围。极具田园风情的别致美景、种类齐全的户外生活设施，让业主一家人对花园的依恋与日俱增。

花园入口区　别墅外部空间原本为开放式格局，设计师巧妙构思，设置一排防腐木花池。规整的种植箱中栽种着修剪整齐的大叶黄杨，为花园带来四季常绿的篱笆墙。带轳辘、可对折的木栅栏小门十分可爱，美化空间的同时也让回家的主人备感亲切。这座一米多高的篱笆墙将整栋别墅与外部公共空间进行有效分隔，为业主的日常生活提供了一定的私密性，也让家中的小孩子们能够更有安全感地在花园里嬉戏。

小主人房间窗户下方是一个防腐木休闲平台，开阔的平台是晒太阳的好地方。初春时节，打开躺椅，舒舒服服地躺在平台上，任凭暖洋洋的阳光照在身上，把积攒一冬的懒散全部赶走，以更为饱满的精气神儿迎接新的一年。摆放在平台角落的彩釉陶罐摇身变成大花钵，花钵里紫色、黄色、粉色、红色的时令草花，消除了平台的古板，增添些许活泼之气。

烧烤休闲区与种植区　平台右侧的防腐木车库也是引领人们走进后花园的通道，后花园包括烧烤休闲区和植物种植区两部分。

北侧院墙下，占地20多平方米的烧烤台是最受宠的花园"成员"。因为家中孩子多，亲朋好友也都喜好烧烤美食，于是业主特意要求设计师加大烧烤炉的尺寸，以满足"众口"的需求。既然是美式庭院风情，若还以普通砖块修筑烧烤台势必无法体现美式的狂野与淳朴，为此，设计师以大小不一的石块陶粒砖贴面，完美阐释了厚重、质朴的美感。

休闲区中心位置自然留给休闲桌椅和遮阳伞。随着天气一天天热了起来，这里也越来越热闹了。无论平时还是周末，好客的主人都会邀请亲朋好友来此聚餐。屋内，女主人"精雕细琢"各种菜肴小吃；屋外，男主人挥汗如雨烤制大鱼大肉。待一样样美味全都摆放整齐，大家举杯畅饮，早已将难捱的暑意抛到九霄云外。

划分区域不必非要使用篱笆或栅栏，几个花钵或盆栽沿路口两侧排开，同样能够表达空间变换的理念。这样的处理手法不会过多占用地盘，景观过渡也显得更为自然。种植区内，丁香、美人蕉、连翘、玉簪、黄莺……适宜这里气候条件的观花植物被充分利用，组成色彩绚丽、层次丰富的花境景观。红色、黄色、白色、粉色……在春夏秋三季为绿意浓浓的花园补充更多视觉亮点。看着新意不断的自然美景，还会有什么烦恼和忧愁呢？

花园没有铺设草坪，而是以佛甲草这种屋顶绿化"家常菜"作为主打地被植物。省水、省工、皮实的特点也算是为家务繁忙但酷爱园艺的女主人减轻了不少负担。碧绿的小叶宛如翡翠，肉嘟嘟的很有质感，平坦的地面也因此变得蓬松起来。四五月份，佛甲草就会盛开黄色的小花，远远看去，金灿灿的一片，很是醒目。这可是普通草坪无法达到的境界，如此有新意的做法也颇受业主的青睐。小孩子们总喜欢在这时跑到种植区采摘佛甲草的小花，然后很认真地数起花瓣。

树荫休闲区　与烧烤休闲区相比，花园入口西南侧的树荫休闲区则显得更为自然、幽静。

北海道黄杨树篱的包围让这里的私密性系数达到最大值。高大的银杏树带来丰满的树冠，浓密的树荫由此而来。坐在休闲座椅上，眼前是海棠、石榴、牡丹、月季、书带草、松果菊、千屈菜、佛甲草组成的花海，微风中夹杂着各种花香、果香，还有植物的清香，沁人心脾；转过身，夏天可赏红色果实，冬季能看纤细枝条的红忍冬、娇媚的樱花、质朴的柿子树，极具野趣的狼尾草与恬静的千屈菜、一年生草花经过"随意"组合，构成多层次花境区，与高高在上的银杏树叶遥相呼应。

走在花园里，抬头转身间时刻都能感受到大自然的无穷魅力，四季更替因此变得更为直接，人们似乎也有了更多时间去体会生命的意义。

设计师：耿　欣（纳文园艺）

在有限的空间内，疏密有度的植物，让花园休闲区更加通彻，休闲平台如同嵌入其中一般

1~3. 北海道黄杨绿篱在整齐度、密封效果及感官体验上都有上乘表现。

4. 花钵巧妙点出区域界限之分。

5. 小品可以遮丑，让边边角角也有味道。

6. 玉簪是重要的传统地被材料，在叶型、叶色上已有诸多选择。

1. 门口弯的圆形木平台加大休闲功能。

2. 小品雕塑"点到"即可。

3~4. 以竹做围合，既能欣赏到青翠之美，又有竹叶"协奏曲"来悦耳。

为你遮风挡雨的快活岛

风雨亭因橘红色的纱幔"化平庸为神奇"，在池塘、绿植的包围下，这份休闲更具诗情画意，刚柔并济，恰到好处。

户外就餐区与开阔的草坪相邻，良好的视野也让户外就餐多了一份享受。另外，草坪也是让业主一家人从事户外运动的场地，也是体验亲子快乐的好地方。

入口前院区　一进花园，潺潺流水声使宾客感受到了主人的热情好客。这里设计了简约大气的水景墙。

水景墙主要使用石材饰面，由高低两面墙组成，高墙如同照壁，在增强围合感的同时，也保证了别墅入口的私密感；高墙前的种植槽内，色彩高雅的植物为整个水景增添了一抹亮色；矮墙上，水流从不锈钢出水口槽喷涌而出，动感十足。

再加上丰富茂盛的植物掩映，前院活泼欢快的氛围更为浓烈，表现了主人热烈欢迎宾客们到来的心情。

设备储藏区　走过幽静的通道，会看到一个精致的木屋，这是设备储物间。我们利用这个相对独立的小空间，把外置的设备集中在这里，并利用多余的部分，储藏花园工具等。可以说，这是有效利用角落空间的一个经典方式。

休闲后花园　休闲后花园根据一家人不同成员的生活习惯和个性特点，细分设置了：户外烧烤料理区、草坪休闲活动区、风雨亭区和下沉菜园养生区。

户外烧烤料理区主要是为女主人设计的。方便齐全的料理设施和宽敞平整的操作台，使女主人可以轻松地在户外制作精致的糕点、美味的佳肴，招待家庭成员或是来聚会的亲朋好友。

草坪休闲活动区主要为孩子们提供了玩耍嬉戏的空间。考虑到不同年龄的孩子有自己的游玩方式，我们提供了这样一片富有灵活性的场地。孩子尚小的时候，可以在草坪的某一处挖一个沙坑供其玩耍；孩子稍大，可以装个篮球架，打打篮球，比拼几下；又或是几个孩子在草坪上翻滚奔跑，尽情享受户外活动的快乐时光。

占后花园中心位置的风雨亭则是为一家之主精心打造的。男主人可以在此抽抽烟、喝喝茶，与朋友们聊聊天，把这里当作会客的户外客厅。一边是女主人精心烹饪的美食香味，一边是涓涓细流发出的悦耳音乐，一边是孩子

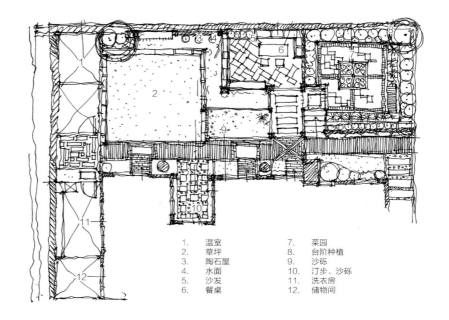

1. 温室
2. 草坪
3. 陶石屋
4. 水面
5. 沙发
6. 餐桌
7. 菜园
8. 台阶种植
9. 沙砾
10. 汀步、沙砾
11. 洗衣房
12. 储物间

们欢乐的笑声，一边是老人幸福的笑脸，坐在风雨廊里的男主人，目睹这一切，会感叹自己的辛苦打拼是如此值得，为自己感到骄傲，为生活美好感到欣慰。

最后一片特意做下沉处理的菜园养生区为老人提供了消磨时光的好地方。看着自己亲手栽种的瓜果蔬菜蓬勃生长，汗水换来了丰硕的果实，老人们欣慰喜悦之情溢于言表。自己的孩子已长大成人，成为家里的顶梁柱，自己的孙辈正享受快乐的童年，现在是自己享受天伦之乐的时候了。

在后花园最醒目位置设计了流水景墙。整面景墙充分考虑了室内的观景效果，选择了阳光充足的位置，从室内望去，就如一幅长卷。墙上的7个出水口水流源源不断，寓意财富也这般一直涌向主人家。

整个后花园拥有一个完整的水循环系统，由流水景墙、风雨廊边的水池和流向下沉菜园的跌落瀑布组成。通过过滤系统和循环系统的运作，保证了水系统的流动效果，赋予花园灵动之美。

植物设计方面，以丁香、柚子、桂花、石榴等传统优良乔木作为骨架，用色彩丰富、易于打理的各种观叶开花灌木草花形成层次鲜明、视觉效果好的植物景观。

初春绽放的玉兰寓意金玉满堂，金秋飘香的桂花象征富贵荣华，鲜艳的石榴寄托多子多福的美好愿景，淡雅的丁香抒发高洁美丽的诗意情怀。一年四季，皆因这些美丽又好口彩的植物而显得丰富多彩，变化多端，富有生命力。

设计：张向明（张向明景观设计事务所）

1~2．花园主体景观，既有诗情画意，又具多重功能，满足不同家庭成员需求。

3~4．占据后花园中心位置的风雨亭是花园的标志性景观。

<table>
<tr><td rowspan="4"></td><td>2</td></tr>
</table>

	2
	3
1	4

1. 户外烧烤料理区与草坪休闲活动区相邻，这样女主人一边烹饪美味，一边能兼顾在草坪游戏的孩子，两不耽误。

2. 户外餐厅位于廊架下方，能遮去部分阳光。

3. 小型雕塑增添情趣，让植物景观更具趣味。

4. 圆型户外沙发与木质休闲平台预示步入新区城——风雨亭。

1. 入口水景墙，提升私密性。
2~4. 进入菜园养生区，既有可感受农耕快乐的小菜园，栽植四周的观赏植物也能收获养生的快乐，这里是践行园艺疗法理念的好去处。

融山水美于一园

与别墅区相邻的外花园以丰盈的乔灌搭配平整的草坪，既做到自然过渡，又保证了业主在良好的私密空间里感受与自然为伴的惬意。

园名中有松，所以松在园中的地位自然最高，从入口到后花园的假山水景，松的秀美与英气都让人为之沉醉。

假山营造是一门学问，需要好好钻研与实践。

在群山环绕的杭州某别墅区内，有一座名为"劲松园"的别致院落。劲松园，顾名思义，郁郁苍苍的各种松树必然是园子的主角。除了极具画意的罗汉松、黄山松、泰山松，花色艳丽的观花乔灌木，娇小可爱的地被，精益求精的造型苗，以及叶色缤纷的彩叶树都是为这栋别墅上演精彩四季歌的重要"演员"。

漫步在花园里，极具自然野趣的景致会让你忽然萌生与世隔绝的感觉。在这一方空间里，自然山水之神韵通过山石、水系、植物被巧妙呈现，一处处园林胜景令人赏心悦目。花园分为内外两部分——显露在外的花园，沿别墅外围修筑，犹如一条绚丽的丝带，让硬邦邦的房屋多了生气；藏于别墅内部空间的下沉式花园，山石水景勾画出一幅活的山水图，是修身养性的绝妙之所。

植物景观设计是外侧花园的最大亮点。花园入口处，一株高大的罗汉松很是抢眼。造型自然飘逸，胸径大约28cm，茂密的枝叶犹如一片片绿色的云彩，飘浮在半空中。伸展的枝杈好似彬彬有礼的门童伸出的臂腕，迎接家庭成员的归来以及亲朋好友的到来。据说为了买到这株规格、体量、造型都能与建筑相匹配，且具有艺术美感的罗汉松，设计师费了不少心思，跑了很多地方左挑右选，终于抱得"美人"归。罗汉松下，五针松、花叶络石、一叶兰、虎皮石等错落配置，让景致更为完整丰满。对面花池里，各类时令花卉组成的花境为入口的浓浓绿意增添了红色、黄色、粉色、白色，使得整体色调和景观布局不那么单调。

绿毯般的草坪沿着勾划好的绿地边线平整铺开，两侧花池内是层次丰富自然、空间围合适度的各类植被。玉兰、芭蕉、红花檵木、欧洲荚蒾、八角金盘、剑麻、玉簪、金叶女贞、红枫、茶梅、杜鹃、书带草……这些在杭州经常能看到的花草树木，按照设计师的要求摆好阵势，在成就完美的景观构图的同时，也有效保护业主生活的私密性。

除了"家常菜"，一些特别的"菜品"为花园增添新意：巨紫荆，与

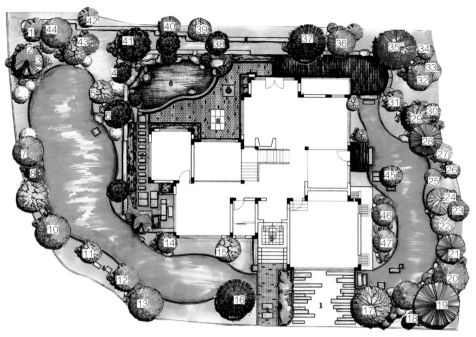

1.	巨紫荆	13.	大桂花	25.	桂花	37.	造型罗汉松
2.	榔榆	14.	榔榆	26.	乐昌含笑	38.	造型泰山松
3.	红花檵木桩	15.	鸡爪槭	27.	樱花	39.	榔榆
4.	造型泰山松	16.	造型罗汉松	28.	大乐昌含笑	40.	紫薇
5.	鸡爪槭	17.	大朴树	29.	银杏	41.	造型黄山松
6.	造型泰山松	18.	造型罗汉松	30.	杜英	42.	巨紫荆
7.	桂花	19.	杜英桩	31.	巨紫荆	43.	紫薇
8.	紫薇	20.	大桂花	32.	桂花	44.	桂花
9.	鸡爪槭	21.	杜英	33.	蜡梅	45.	红叶石楠
10.	大桂花	22.	樱花	34.	桂花	46.	桂花
11.	鸡爪槭	23.	乐昌含笑	35.	紫薇桩	47.	红叶石楠
12.	大茶花	24.	蜡梅桩	36.	桂花		

常绿树配合种植，红绿相映，充满情趣；络石，其实是杭州非常普遍的乡土植物，正因为太普通，园林应用一直不多，但在这里，结合景石布置，很好地还原其自然的生命气息，别有一番韵味；黑松桩，是自然风格庭院的重要布景植物，似山水画中的"浓墨"，需要非常自然地布置在景观中，这可是对设计师功力很高的考验。

看过外部花园热热闹闹的绚丽风景，下沉式庭院的古朴优雅则能将人们的身心带回到悠远的古代，让人想象出文人墨客们坐在山石间，伴着松声、流水声或抚琴或作画的场景。这座下沉式庭院不仅让花园内外上下层空间实现了无缝衔接，还形成了独特的造景。在10多平方米的椭圆形水池上，一块块经过长途跋涉运至此地的虎皮石按照画稿拼组，将高耸、险峻的山景微缩体现。虎皮石借助混凝土与花园石墙固定在一起，在为山石找到一个牢固的支撑点的同时，也大大提高了山石景观的安全系数。小黄山松、络石、常春藤、书带草扎根于掩藏在山石缝隙间的种植槽内，模仿自然山体中植物与石块互生互长的景观特点。潺潺流水从"山顶"涌出，拍打在层层叠叠的山石之后，又散落在平静的水池中，归于平静。飘逸的劲松、清澈的山泉、跌水的瀑布、静卧于水的睡莲，手捧一杯香茗，便可聆听松涛，坐看松影。

设 计 师：楼建勇（杭州朴树造园有限公司）

1~2. 乔灌地被，常绿与彩叶，树种多样搭配决定了花园的自
然野趣之美。

3. 高大的罗汉松是入口的亮点。

1		3		5
				6
2		4		

1. 下沉庭院内，虎皮石拼组而成的假山水景带来震撼之美，犹如一幅水墨画展于眼前。
2. 幽静的角落，一张桌几把椅，就是一个绝妙小憩、私聊之所。
3. 花园与小区公共绿地的自然衔接。
4. 精致的草坪，丰盈的植物景观，每每看到这张图片，第一感觉就是它属于杭州。
5~6. 上下皆有景，大美于眼前。

尽享悠然情怀的山谷庭院

  在舒朗的绿意空间里感受难得的悠然自得，是这座庭院给大家的第一感受，也是设计师想表达的初衷。

  茶亭与水景是所有元素中最为重要的一个组合——诠释业主个人喜好的设计，因此在保证使用功能的同时，也尽全力让两者自然交融，构成如画般景致，使之成为花园的"核心地带"。

  背靠风景奇秀的五云山山麓，直面浩渺的钱塘江，整体建筑格调优雅。在杭州某别墅区内，高低错落的各色树木将占地约500m²的花园包围。这个别致的私人空间里，不仅有美丽的风景，花灌木、宿根花卉送来的馨香，舒适惬意的休闲区，主人的种种喜好也逐一体现。生活在这里，时刻都有120分的满足感。

  庭院设计紧紧围绕建筑展开，使得建筑与景观极为自然地融合在一起，风格协调，且略显个性。

  花园入口采取人车分流的模式，使整个庭院的品质得到保证。由于标高的关系，棕红色车库花架采取创新设计——整体框架为钢结构，顶部为前后双层错落设置，略高一筹的花架顶棚与建筑外墙相连。从远处望去，好似一栋古色古香的凉亭矗立于别墅与树木之间，很是特别。建筑原有的车库门也自然而然融入花架设计，让业主拥有一处更具个性和艺术性空间停靠座驾。与常规模式不同，两个花架各戴着一顶"玻璃帽儿"。如此一来，业主不必担心雨雪天自己的爱车会惨遭不幸。而且，巨大的顶棚也让业主可以放心地站在别墅门外，无忧无虑感受雨的畅快淋漓、雪的轻柔洒脱，更不会因雨水和积雪给外出带来不快。

  茶亭与水景是满足业主嗜好的重要设施。业主是一位养鱼达人，身边还拥有一群情趣相投的好友。于是，在自家庭院划出一个空间专门用于养鱼、赏鱼、论鱼一直是业主的愿望。基于此，在紧邻后院绿地一侧就有了一处极具现代中式风情的核心休闲区——凌驾于水面之上的古朴茶亭以及开阔平台，山石、绿植围合的自然水系，紧凑而合理的布局中，三者相互关联形成一体，将"明月松间照，清泉石上流"的雅致、清幽格调充分表达。

  坐在茶亭下，没有风吹日晒的辛苦，来上一壶西湖龙井，近处是花色繁多的鱼儿在水中徜徉，尽情享受一池碧波；远处，洁白的玉兰、金色的桂花、粉色的杜鹃、红色的茶花、碧绿的书带草，构成极富江南气息的秀美画面。兴之所致，坐在遮阳伞下再支上鱼竿，感受垂钓的乐趣。虽然赶不上"孤舟蓑笠翁，独钓寒江雪"的意境，却也悠然自得，乐在其中。除了精心营建，建造茶亭时还考虑到水电等功能的接入，使茶亭具有茶水烧煮自助、音乐播放、洗手等功能，咫尺间将各项休闲功能聚齐，方便业主活动，非常人性化。

水系四周起伏的山石、繁茂的罗汉松在水面上留下一个个楚楚动人的身影。鱼儿们悠闲地游着，一阵阵细小的涟漪将静止的倒影划破，变成曲曲弯弯的线条，模糊了一阵子又恢复平静，一切如故。

水系另一侧的绿地内，还有一个现代小水景。一段砖红色弧形矮景墙前是一方扇形浅水池，中间位置的陶土红色水罐忙不迭地喷着水，水面下一颗颗天然卵石铺底，其体现的现代气质与别墅建筑风格相呼应。

后院位于山脚，原来基本没有什么空间。通过设置一组景墙，梳理出大片空间，这里是运动、散步的绝好地段。平整的草坪延伸至四周，一直铺设到建筑外墙边，大大提升花园空间感。规整的矩形青石板嵌入草坪，形成一条曲折的小径，将后院与其他节点打通。为了让步行更有趣味性，小径放弃一通到底的铺设模式，多了几个拐角。每一个拐角旁，点缀几株小灌木，打破拐角的死板和石路的硬朗，也让整条小径与周边的植物景观更为协调。冠幅丰满的桂花、山茶、香樟给后院带来丰盈的绿色，圆润的黄杨球、高大的美人蕉、蓬松的观赏草、雅致的玉簪……经过精心搭配将中下层空间巧妙充实，让不同节点的植物景观连贯起来，宛若一条七彩飘带落入院中。

后院景墙的布置还有另一个妙处——从后院拾阶而上，你会看到景墙和别墅外墙之间又开辟出一个空间。这里是一片菜地，主人一家人喜欢的一些瓜果蔬菜在这里"落户"。优越的自然条件使得菜宝宝们生长健壮，水灵灵的很是诱人。如此隐蔽的菜地，既实用又不会因其"粗陋"的外形影响花园的整体景观，也是设计师将空间利用到极致的表现。

设计师：余昌明（杭州朴树造园有限公司）

1. 路口、围栏前点缀几丛植物，保证空间的开阔感，带来良好的视觉感觉。

2. 入口花架上盖玻璃实用又耐用。

3. 凌驾于水池之上的茶亭将古典园的风情巧妙引入。

1. 后院位于山脚，疏朗的风格延续至此。
2. 水池边的自然山石带来更趋山野质朴的景致，使人感觉仿佛山谷中。
3. 利用"借景"让花园景观更充实。
4. 规则的石板路简约而质朴。

作者简介

　　郭泽莉，《中国花卉报》资深记者、编辑。第三代"北漂"，出生在北京，也一直生活在北京。虽然大学本科专业是园艺，但工作后多在园林行业奔波。机缘巧合，被美国花园杂志《Garden Design》中各式花园的高颜值所吸引，开始关注花园营造，闯荡国内花园圈。拜访过一些花园，采访过一些花园设计师，也一直仰望很多业界达人，一直都是一枚不太成熟的"花园粉"。共同的喜好，有幸与一些花园设计师成为朋友。有生之年，希望能够认识更多热爱花园的朋友，领略更多花园的"不同凡响"。

　　　　　　　　　　　微信：littleleakeyzoe

图书在版编目（CIP）数据

跟着设计师，筑一座梦想花园 / 郭泽莉编著. -- 北京：中国林业出版社，2016.1

ISBN 978-7-5038-8352-1

Ⅰ.①跟… Ⅱ.①郭… Ⅲ.①花园—园林设计 Ⅳ.①TU986.2

中国版本图书馆CIP数据核字(2016)第001297号

中国林业出版社·环境园林出版分社
责任编辑：印芳

出　版：	中国林业出版社	
	（100009 北京西城区刘海胡同 7 号）	
电　话：	010 - 83143565	
发　行：	中国林业出版社	
印　刷：	北京卡乐富印刷有限公司	
版　次：	2016 年 4 月第 1 版	
印　次：	2016 年 4 月第 1 次	
开　本：	787mm×1092mm　1/16	
印　张：	11.5	
字　数：	280 千字	
定　价：	58.00 元